너무 재밌어서
잠 못 드는
물리이야기

너무재밌어서
잠 못 드는
물리이야기

초판 1쇄 인쇄 2018년 3월 26일
초판 1쇄 발행 2018년 4월 2일

지은이 션 코널리
옮긴이 하연희

펴낸이 이상순
주간 서인찬
편집장 박윤주
제작이사 이상광
기획편집 한나비, 김한솔, 김현정
디자인 유영준, 이민정
마케팅 홍보 이병구
경영지원 오은애

펴낸곳 (주)도서출판 아름다운사람들
주소 (10881) 경기도 파주시 회동길 103
대표전화 (031) 955-1001   팩스 (031) 955-1083
이메일 books777@naver.com
홈페이지 www.books114.net

생각의길은 (주)도서출판 아름다운사람들의 인문 브랜드입니다.

First published in the United States under the title:
THE BOOK OF WILDLY SPECTACULAR SPORTS SCIENCE:54 All-Star Experiments by Sean Connolly
Copyright ©2016 by Sean Connolly
All rights reserved.
This Korean edition was published by Beautiful Peoples in 2018 by arrangement with Workman Publishing
Company, Inc., New York through KCC(Korea Copyright Center Inc.), Seoul.

Design by Galen Smith
Cover by Galen Smith
Cover and interior illustrations by Chad Thomas
Photo Research by Michael Di Mascio

뛰고, 던지고, 부딪히며 발견하는 스포츠 속 물리학의 비밀 54가지

너무 재밌어서 잠 못 드는 물리이야기

션 코널리 지음 | 하연희 옮김

$p = mv$

$F = ma$

$E = mc^2$

$E_K = \frac{1}{2}mv^2$

생각의길

차례

Chapter. 05

자연을 이기려는 분투, 야외 스포츠   141

들어가며

"이번 토요일 경기 보러 가지 않을래?"

"무슨 경기?"

"핵물리학자팀이랑 화학자팀이 맞붙잖아!"

우스꽝스럽기 짝이 없는 대화다. 물리학자 대 화학자의 경기라니?! 대체 무엇을 겨룰 수 있을까? 연구실 깨끗이 청소하기? 시험관 높이 쌓기? 한데 과학자들이 운동경기를 하는 경우는 찾아보기 힘들지만 운동선수들은 거의 매일 과학을 시연한다. 시합마다 그들은 각자가 갈고닦은 과학 기술로 대결하는 것이나 마찬가지다. 운동선수가 아니라고 해도 우리는 일상의 움직임에서부터 간단한 취미생활까지 매번 물리 법칙을 실현하고 있다. 모여서 축구를 하거나 캐치볼을 해도, 스케이트를 타거나 드높은 언덕을 스키 위에서 질주해 내려와도, 그 모든 행위에는 물리학이 있다.

스포츠라는 과학의 역사

농구 선수가 중력을 거스르며 슬램덩크를 성공시킬 때도, 체조 선수가 정확하게 목표 지점에 착지할 때도 과학이 활용된다. 요즈음은 스포츠 과학자를 고용해 선수들의 경기력 향상, 식단 관리, 체형 유지에 도움을 받기도 한다. 하지만 따로 스포츠 과학자가 없던 아주 옛날부터 과학은 스포츠와 깊은 연관이 있었다.

운동선수들은 언제나 시행착오라는 가장 기본적인 과학적 연구 기법을 통해 기술을 습득해왔다. 약 3,000년 전 고대 그리스의 첫 번째 올림픽경기에 출전했던 원반던지기 선수들은 온갖 각도와 자세로 원반을 던져보며 기술을 연마했고, 같은 시기 육상 선수들 역시 에너지를 생산하는 몸의 화학 원리를 알지는 못했지만 언제 속도를 높이고 줄여야 하는지 시행착오를 통해 파악했다. 그들은 은연 중에 끊임 없이 자기 몸으로 과학 실험을 해온 셈이다.

한때 개인의 임상 실험과 주먹구구식 노하우로만 이어지던 스포츠 분야의 과학은 19세기 말에 이르러 의학, 과학의 급격한 발전과 함께 체계화되기 시작했다. 레저로서 스포츠의 성장도 큰 몫을 했다. 사람의 기본적인 감정인 호기심과 역시 본능적인 감정인 승부욕이 자연스레 맞물려 스포츠 세계에도 과학과 공학이 만난 다양한 기술을 도입시키고 발전시켜왔다. 그 결과 스포츠 분야는 오늘날 과학이 이룬 것만큼이나 눈이 팽팽 돌아갈 만큼의 발전을 이룩했다. 하지만 정확히 어떤 변화가 있었는지, 어떻게 나타나고 어떤 의미를 갖는지 아는 사람은 많지 않다. 이 책의 질문들은 그 작은 혁신들을 짚어나간다. 왜 테니스공은 털로 덮여 있을까? 퍼팅을 두 번 만에 끝낼 수 있는 퍼터(골프채의 종류)는 무엇일까? 경주용 차에 날개를 달면 더 빨리 달릴 수 있을까? 스포츠 속의 과학, 특히 물리를 안다면 이 모든 질문에 답할 수 있다. 특별한 천재들의 화려한 세계라고만 여겼던 프로 스포츠 세계에서 우리 누구에게나 적용되는 규칙들을 발견하고 간단한 과정을 통해 그 원리를 터득하는 것은 예상치 못한 즐거움을 불러온다. 투수의 동작 하나하나가, 그리고 나 자신의 움직임 또한 새로운 시선으로 보게 될 것이다.

올림픽급 기술에서 동네 뒷산 등산까지, 가지각색 스포츠

이 책을 통해 온갖 종목의 스포츠에 관해 배울 수 있다. 스포츠의 세계는 광대하고도 거칠다. 스키점프대에서 솟구쳐 오르거나 서핑 보드에 올라서서 거대한 파도를 타려면 얼마나 큰 용기가 필요할지 생각해보라. 맨손으로 나무판자를 쪼개는 태권도 선수에게 필요한 괴력이나, 마운드부터 홈플레이트까지 18.44미터의 거리에서 공이 초고속으로 날아가게 해야 하는 투수의 기술은 또 얼마나 엄청난가.

하지만 스포츠는 초능력이나 마법이 아니다. 일상적으로 즐기는 가벼운 신체활동, 외줄타기, 축구공으로 드리블하기 등도 모두 스포츠다. 자전거로 가파른 산비탈을 오르는 행위도 스포츠다.

배후의 과학

체육시간마다 하는 맨손체조든, 보기만 해도 심장이 오그라드는 위험한 종목이든, 모든 스포츠의 근간은 과학이다. 뒤집고 뛰어오르고 돌고 던지는 동작마다 과학적 설명이 가능하다. 스포츠의 세계에서도 운동량, 무게 중심, 뉴턴의 운동 법칙, 마찰 저항 등 과학 용어가 수시로 쓰인다. 물론 처음 접하는 용어도 있을 것이다. '관성모멘트(moment of inertia)'가 자동차 경기 용어일까 골프 용어일까? '정전 마찰 저항(electrostatic friction)'이 트램펄린의 탄력을 설명하는 말인가 아니면 혹은 스노보드에 왁스칠을 해야 하는 이유를 설명하는 말인가? 이 책을 읽다 보면 답을 찾을 수 있을 것이다.

책에 나오는 설명과 직접 해볼 수 있는 간단한 실험을 통해 스포츠에 숨겨진 물리학을 찾아낼 수 있을 뿐만 아니라 그러한 물리적 원리를 통해 다양한 스포츠 종목이 어떻게 연관되는지 알 수 있다. 너클볼의 원리를 아는 것이 축구의 프리킥을 잘 차도록 도와줄 거라고 상상이나 해본 적 있는가? 스케이트보드를 타고 가장 높이 뛰어오르기 위해서는 먼저 피겨스케이팅 동작들을 연구하는 것이 열쇠라는 것은 알았는가? 이 책을 읽으며 여러 스포츠들의 기상천외한 연결고리를 여러 개 배울 수 있을 것이다.

이 책을 활용하는 법

각 항은 스포츠 종목을 한 가지씩 다루고 있다. 더 정확히 말하자면, 해당 스포츠의 특성과 방식을 결정짓는 배후의 과학, 특히 물리학을 다루고 있다. 또한 공통점을 지닌 항을 묶어서 일곱 개의 장으로 구성하였다. 각 장은 해당 스포츠를 즐기는 계절이나 장소(동계 스포츠, 실내 스포츠, 수상 스포츠), 즐기는 방법(배트와 공을 이용하는 스포츠, 라켓과 클럽을 이용하는 스포츠 등)을 기준으로 나누었다. 각 항은 특정 스포츠 종목의 특징을 간단히 설명하면서 시작하고 그러한 특징을 가능하게 만드는 물리적 법칙에 대한 해설로 이어진다. 물리적 법칙을 이해하는 데 있어 실험만큼 효과적인 방법은 없다. 각 항마다 실험이 한 가지씩 있고 전체 소요 시간이 적혀 있다. 2~3분이면 마칠 수 있는 간단한 실험도 있고 그보다 오래 걸리는 실험도 있는데, 어떤 실험이든 시도한 보람을 충분히 느낄 것이다.

실험은 다음 네 가지 요소로 구성된다.

라인 업!

야구 경기 출전선수 명단을 뜻하는 용어인데, 여기서는 실험을 진행하는 데 필요한 재료 목록을 가리킨다. 대부분의 재료는 집(혹은 집 앞 공원)에서 쉽게 구할 수 있으니 걱정은 붙들어 매어두자.

플레이 볼!

야구 경기에서 심판이 외치는 "경기 시작!"이란 말로, 여기서는 실험 절차가 순서대로 차근차근 설명되어 있다.

투 미닛 워닝!

본래 미식축구에서 전반과 후반 각각 2분이 남았을 때 이를 알리는 통지이다. 실험이 원활하게 이어질 수 있도록 돕는 조언(때로는 안전 경고)이다.

슬로모션 리플레이!

스포츠에서는 "느리게 재생해 동작을 다시 본다"는 뜻이다. 이 부분에서는 실험의 근간이 되는 과학 원리는 무엇인지, 또 각 장에서 다루는 스포츠 종목과 이 원리가 어떠한 연관성이 있는지 설명한다. 실험을 해본 후 읽는 것을 추천한다.

덧붙이는 말

이 책을 읽었다고 해서 프로야구선수가 되거나 하버드대학에서 과학을 가르칠 수 있게 되지는 않을 것이다. 다만 평소 좋아하던 스포츠를 조금 더 제대로 즐길 수 있게 되거나 물리 법칙에 대한 시야가 넓어질 수 있다. 축구 모임에서 좀 더 기가 막힌 코너킥을 날리거나 적어도 같이 테니스 중계를 보다 친구에게 방금 본 서브의 숨겨진 물리학을 설명할 수 있다면 멋지지 않겠는가?

Chapter 1

볼과 배트로
즐기는 스포츠

포츠에 관한 책이니만큼 가장 대중적인 스포츠라 할 수 있는 야구(그리고 사촌 격인 소프트볼과 위플볼)를 먼저 언급해야 하지 않을까? 우리는 "홈런!"에 환호하고 "헛스윙!"에 탄식한다. 두 가지 모두 다양한 과학 원리가 작용한다. 타자가 받아 치면 멀리 날아가는 타구도 있고, 조금 가다가 휘거나 뚝 떨어져 포수 글러브에 떨어지는 타구도 있는데, 그 이유는 오직 과학으로만 설명이 가능하다.

이 책에는 스포츠의 배경을 이루는 과학의 원리가 다양한 형태로 반복해 등장한다. 일단 누구나 한번쯤 경험해봤을 법한 야구부터 시작한다. 이 책을 읽고 나면 아마도 너클볼 정도는 우습게 받아 쳐낼 수 있게 되지 않을까? 물론 장담할 순 없지만.

예측 불가 너클볼의 원리

지금 타석에 올랐다고 생각해보자.

양손으로는 배트를 움켜쥐고 눈으로는 투수가 던진 공을 쫓는다. 날아오는 공의 높이와 배트의 높이를 맞춰 공을 날려 보낼 시간은 충분하다. 힘껏 배트를 휘두르지만, 맞추기 직전 공이 배트보다 12cm 낮게 왼쪽으로 떨어진다. 스트라이크 원! 이후 두 차례 더 날아온 공도 결국 스트라이크로 끝난다. 야구에서 가장 악명 높은 투구, 너클볼에 걸려든

것이다. 말 그대로 커브볼은 휘고, 싱커는 가라앉고, 속구는 빠르게 지나가는데 너클볼은 예측이 불가능하다. 뚝 떨어지다가 꿈틀꿈틀 움직이는가하면 갑자기 공중에 멈춰 서는 듯한 느낌을 준다. 같은 너클볼을 던져도 똑같이 날아오는 법이 없다. 심지어 달팽이처럼 느릿느릿 지나가기도 한다. 어떻게 그럴 수가 있을까?

살아 움직이는 너클볼

공이 살아 움직이는 것처럼 보이는 스포츠는 야구 말고도 더 있다. 배구와 크리켓 선수들도 일정하지 않게 움직이는 공을 날려 상대방을 난처하게 만든다. 레알 마드리드의 공격수 크리스티아누 호날두의 프리킥은 수비수들이 만든 벽을 피해 지그재그로 날아서 골망을 흔들곤 한다. 공이 전혀 회전하지 않는 이 킥을 그는 '너클볼'이라 부른다. 너클볼의 방향을 예측하기 어려운 이유는 회전이 없기 때문이다. 하지만 왜 그런 현상이 발생하는지는 아직 물리학 연구실에서 풀어야 할 숙제로 남아 있다. 주방에서 진행할 수 있는 아주 간단한 실험을 통해 타자들이 너클볼에 잘 속는 이유를 알아보자.

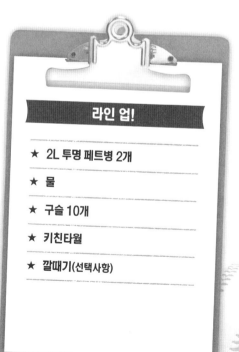

라인 업!

★ 2L 투명 페트병 2개

★ 물

★ 구슬 10개

★ 키친타월

★ 깔때기(선택사항)

플레이 볼!

1 페트병에 물을 가득 채우고 평평한
탁자 위에 놓는다.

2 눈높이에서 병을 편안하게 관찰할 수
있도록 자리를 잡는다.

3 구슬을 엄지와 검지로 잡고 물에 거의
닿을 때까지 병 주둥이 가까이 가져간다.

4 구슬이 회전하지 않도록 주의하면서
살짝 놓는다.

**투미닛
워닝!** 먼저 구슬이 페트병 입구에 여유 있겠
들어갈 정도로 작아야 한다. 실험이 진
행되는 내내 물이 병 주둥이 맨 위까지
가득 차 있어야 한다. 그래야 구슬이
공중에서 물속으로 떨어질 때 회전하지 않는다. 수위가 조
금이라도 내려가면 바로 다시 채우고 병 옆면을 종이타월로
닦는다.

⑤ 구슬이 가라앉는 경로를 관찰한다.

⑥ 3~5단계를 되풀이한다. 구슬 3개가 연달아 똑같은 경로로 가라앉도록 만들 수 있는가?

슬로모션 리플레이! ▶

이 실험에서는 매우 기본적인 원리를 배우게 된다. 바로 대부분의 물리력이 기체와 액체에서는 비슷한 행동 양상을 보인다는 것이다. 너클볼이 공기(즉 기체)를 가르면서 나아가는 양상은 구슬이 물(즉 액체)을 가르며 가라앉는 양상과 비슷하다. 너클볼이든 구슬이든 똑같은 양상이 한 번 이상 관찰되는 경우는 없다. 공이 회전을 하면 공기가 한쪽으로 쏠린다. 이 쏠림 현상으로 인해 공 뒤에 일정한 흔적이 남으면서 항력(전진을 막는 물리력)이 작용하게 된다. 그런데 회전을 주지 않고 던졌기 때문에 너클볼이 움직일 때마다 수많은 변수가 생겨나게 되고 이에 따라 일정한 방향으로 유도되지 않아 제멋대로 날아간다. 어쩌다 애초 겨냥했던 지점에 당도하는 경우도 있지만 그런 행운이 언제나 찾아오지는 않는다.

왜 투수들은 한쪽 다리를 그렇게 높이 치켜들까?

"투수 와인드업! 던졌습니다! 스트라이크!"

월드시리즈 7차전이든, 리틀 야구 개막전이든, 야구 경기에서 가장 긴장되고 극적인 순간은 투수가 공을 던지는 그때가 아닐까? 강속구를 던지려고 몸을 한껏 뒤로 기울이고 앞쪽 다리를 높이 들어 올리며 와인드업(wind up)하는 투수의 모습이 특히 흥분을 더한다. 알아차렸을지 모르겠지만 투수는 공을 던질 때마다 회전력(torque)이라 불리는 물리적 법칙을 구현하고 있다. 그 회전력은 물체가 움직일 때, 가속도로 전환된다. 예를 들어 시속 150km의 강속구는 투수가 엄청난 회전력을 만들어주었기에 가능했다고 볼 수 있을 것이다.

중세시대에서 날아온 속구

강속구가 속출하는 메이저리그에서 불덩이가 날아다니던 중세시대로 이동해보자. 중세에 성을 함락시키기 위해 사용하던 투석기를 본떠서 소형 투구 로봇을 만들 계획이다. 당시 군인들은 요새를 공격할 때 돌덩이, 동물 사체, 활활 타는 불덩이를 성벽 너머로 던졌다. 그렇게 무거운 물체를 먼 거리에서 던지려면 커다란 물리력이 필요했을 것이다. 이 실험을 통해 중세 병사들이 그 물리력을 어떻게 극대화했는지 알 수 있다. 실제 투석기는 높이가 9m나 됐고, 무게가 136kg에 달하는 바위를 27m 전방으로 날려 보낼 수 있었다. (절대 따라할 생각은 하지 말자!) 집에서 만들 소형 투석기는 파괴력은 덜하지만 실물과 똑같은 회전력 및 가속도의 원리를 적용해 투수가 다리를 들어 올리는 행위가 투구에 어떤 도움을 주는지 알려줄 것이다.

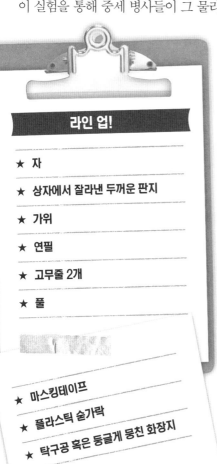

라인 업!

★ 자

★ 상자에서 잘라낸 두꺼운 판지

★ 가위

★ 연필

★ 고무줄 2개

★ 풀

★ 마스킹테이프

★ 플라스틱 숟가락

★ 탁구공 혹은 둥글게 뭉친 화장지

플레이 볼!

① 토대가 되는 판지 한 장(15cm x 15cm)과 발사대 역할을 할 판지 한 장(5cm x 15cm)을 준비한다.

② 발사대 판지를 반으로 접어서 5cm x 7.5cm로 만든다.

③ 발사대 판지 중앙에 그림과 같이 연필로 구멍을 뚫는다.

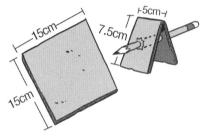

④ 발사대 판지의 접힌 쪽 모서리를 토대 판지 모서리에 맞추고 중앙정렬시킨다.

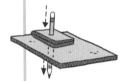

⑤ 발사대 판지 중앙 구멍으로 연필을 통과시켜 토대 판지에도 구멍을 뚫는다.

⑥ 고무줄 1개를 잘라서 한쪽 끝에 매듭을 짓는다.

⑦ 매듭을 짓지 않은 쪽을 토대 밑으로부터 발사대 위로 통과시킨다. (이때 발사대 판지의 접힌 쪽 모서리가 토대 판지 모서리에 중앙정렬 되어 있어야 한다.)

⑧ 발사대 위로 뺀 고무줄 끝도 매듭을 짓는다. 이렇게 하면 양 매듭 사이 거리가 2.5cm가량 된다.

⑨ 발사대 아랫부분을 토대에 풀로 붙이고
마스킹테이프로 두 번 고정시킨다.

⑩ 반으로 접었던 발사대를 펼치고
그림과 같이 숟가락을 테이프로 붙인다.
발사대가 경첩 역할을 하면서 숟가락을 움직이게 된다.
따라서 발사대를 접었다 펼치는 데 문제가 없어야 한다.

⑪ 토대를 꽉 잡고 숟가락에 탁구공(혹은 둥글게 뭉친 화장지)을
장전한 뒤 뒤로 당겼다가 발사한다.

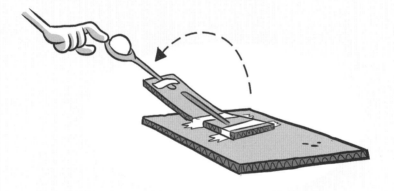

⑫ 몇 번 발사한 뒤 평균 거리를 산출한다.
그런 뒤 고무줄을 잘라서 제거한다.

⑬ 두 번째 고무줄을 앞서 설명한 대로 잘라서 고정한다.
이번에는 매듭 사이 거리를 더 짧게 조정한다.

⑭ 몇 번 발사한 뒤 평균 거리를 산출하여 비교한다.

슬로모션 리플레이! ▶▶

투수가 몸을 젖히고 다리를 들어 올려 와인드업을 하면 에너지를 끌어 모아 공 던지는 팔로 그 에너지를 보낼 수 있다. 올렸던 다리를 다시 내리는 과정에서 에너지가 상체와 팔로 옮겨가는 것이다. 그 뒤는 운동의 물리력인 운동량을 높이는 것이 관건이다.

이 실험에서는 고무줄을 더 팽팽히 묶음으로써 숟가락에 더 큰 물리력을 싣게 된다. 즉, 고무줄이 투수의 다리 역할을 한다. 아이작 뉴턴은 질량에 가속도를 곱하면 물리력이 된다(F = m×a)는 법칙을 발견했다. 소위 뉴턴의 제2법칙, 가속도의 법칙이다. 투수의 와인드업은 팽팽해진 고무줄처럼 전반적인 물리력을 상승시킨다. 따라서 물리력이 상승하고 탁구공의 질량은 같다면 가속도가 올라가야 한다. 가속도가 상승하면 공이 더 빨리 날아간다.

투수가 공을 "변조"하면 어떤 일이 생길까?

투수들은 공을 던지기 전 손가락 핥기도 한다. 긴장 때문에 하는 행동일까? 아니면 손가락에 음식이라도 묻어 있는 것일까? 그도 아니면 우리가 모르는 심오한 뜻이 있을까? 야구 규칙에 따르면 투수들은 투구에 앞서 반드시 젖은 손가락을 유니폼에 닦아 건조한 상태를 유지해야 한다. 1920년대부터 공을 예측 불가 수준으로 급격하게 꺾으려고 변조하는 행동(이를 닥터링이라고 한다)이 금지되었다. 그래도 투수들은 어

떻게든 스피트볼(공에 침을 발라 더 많이 휘게 만든 변화구-옮긴이) 효과를 내기 위해 다양한 방법을 동원했다. 송진, 윤활유, 침을 바르거나 일부러 흠집을 내기도 했다. 왜 리그에서 쫓겨날 위험 부담과 반칙을 감수하면서 공을 변조하려 했을까? 그리고 공을 변조하면 투구는 어떻게 바뀔까?

연기 나는 속구?

회전하는 공은 공기를 옆으로 밀어내며 나아가면서 부드러운 곡선을 그린다. 하지만 공 표면이 울퉁불퉁하면 비행 궤적에 영향을 미친다. 변조된 공도 투수의 손을 떠날 때는 정상적인 공처럼 회전하지만, 불규칙한 표면이 공기를 가르는 과정에서 난기류를 만들어낸다. (비행기가 난기류에 덜컹거리는 상황을 한번쯤은 경험해봤을 것이다.) 이 실험은 풍동과 비슷한 기술을 활용한다. 풍동은 공기의 흐름이 자동차나 비행기의 이동에 미치는 영향을 실험하는 터널형 장치로 실제 환경과 정반대로 작동한다. 자동차나 비행기가 움직이는 대신 바람이 정지해 있는 차나 비행기를 스쳐 지나간다. 이 실험에서는 연기를 피워 공기의 흐름 및 이를 방해하는 물체가 만들어내는 난기류를 재현해낼 것이다.

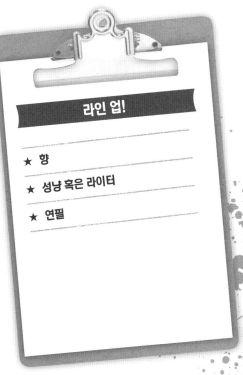

라인 업!

★ 향
★ 성냥 혹은 라이터
★ 연필

플레이 볼!

1 연기가 잘 보이는 곳에 자리를 잡는다
(무늬 없는 단색 벽 앞이라면 관찰하기 쉽다).

2 성냥 혹은 라이터를 켜서 향을 피운다.
향이 없을 경우 성냥을 켰다가 불어 끈다.

3 단색 벽 앞에서 향을 똑바로 들고 있는다.
외풍의 영향이 없는지 잘 확인한다.

4 연기가 똑바로 올라가다가 사방으로 퍼지는
과정을 관찰한다.

투미닛 워닝!

실험을 마친 후 불씨를 남기지 않도록 유의한다. 향을 구할 수 없을 경우 성냥을 켰다가 불어서 꺼도 연기가 난다. 가급적 대가 긴 성냥을 사용하면 더 오랫동안 연기를 관찰할 수 있다. 그리고 다시 한번 강조하자면 향이나 성냥은 불이 확실히 꺼진 것을 확인한 후 폐기한다.

5 연기가 퍼지기 전,
똑바로 올라가고 있는
부분에 연필 끝을
가져다 댄다.

6 연기가 연필 끝에 닿으며
어떤 현상이
일어나는지 관찰한다.

7 향 대신 성냥을 사용했을 경우
연기가 빨리 사라질 수 있으니
실험을 한 번 더 되풀이한다.

슬로모션 리플레이! ▶▶

액체나 기체의 직선 운동을 층류(laminar flow)라 한다. 연기가 위로 올라갈 때 혹은 수도꼭지에서 물이 흘러내릴 때 층류가 생긴다. 층류가 방해를 받으면 사방팔방으로 뻗어나가면서 난류(turbulent flow)가 된다. 난류는 때때로 한데 모이기도 하지만 다시 제멋대로 움직인다. 한마디로 난류의 운동은 예측 불가능하다. 위로 올라가는 연기는 층류지만 연필에 부딪히면 난류가 된다. 이 실험은 '닥터링'한 공이 공기를 가르며 어떻게 난류(즉, 예측 불가능한 움직임)를 만들어내는지를 시각적으로 보여준다. 연기가 소용돌이를 일으키고 불쑥불쑥 방향을 바꾸다가 잠시나마 본래 경로로 돌아오는 과정을 눈으로 확인할 수 있다.

종목	소프트볼	소요시간	30분

맞은 건 배트인데
왜 손이 아플까?

소프트볼 시즌이 시작되고 처음 타석에 들어섰다고 가정해보자. 투수가 완벽한 투구를 했고 그 공이 날아오고 있다. 스윙을 했는데… 아뿔싸!!! 파울볼이다. 배트를 땅에 떨어뜨리고 말았다. 도무지 배트를 쥐고 있을 수 없을 만큼 손의 통증이 심하다. 전기 쇼크인가? 아니다. '스위트 스폿(sweet spot)'을 놓쳤기 때문에 발생한 사고다. 스위트 스폿은 배트를 공에 가져다 댔을 때 '제대로' 맞았다고 느껴지는 부위를 말한다. 소프트볼이나 야구 배트뿐 아니라 테니스와

스쿼시 라켓, 골프채 등 공을 치는 도구는 모두 스위트 스폿이 있다. 탄성이 있는 물질의 공통점이다.

좋은 충돌, 나쁜 충돌

공이 배트에 맞는 현상은 물리학 용어로 말하자면 "충돌" 혹은 "두 물체가 만나 서로 물리력을 행사하며 에너지나 가속도를 교환하는 것"이다. 이 에너지의 교환이 스위트 스폿의 핵심이다. 탄성충돌은 운동에너지를 상대방에게 전달하는 반면, 비탄성충돌은 그런 운동에너지의 일부 또는 전부를 흡수해 열, 소리, 진동과 같은 형태가 다른 에너지로 전환한다. 앞서 말한 손의 통증은 공과 배트가 비탄성충돌을 했기 때문에 나타난 것이다. 채 10cm도 안 되는 스위트 스폿에 공을 맞히지 못했기 때문에 공은 파울볼로 끝났을 뿐만 아니라 튕겨내지 못한 에너지가 진동이 되어 찌릿한 아픔까지 남긴 것이다. 스위트 스폿에 공이 맞으면 배트의 운동에너지가 공에 전달되어 시원하게 날아간다. 탄성충돌과 비탄성충돌은 다양한 스포츠 종목에서 찾아볼 수 있다. 여기서는 익숙한 물체들을 활용해 실험해보자.

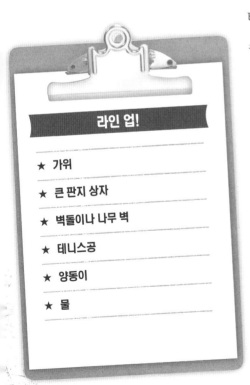

라인 업!

★ 가위

★ 큰 판지 상자

★ 벽돌이나 나무 벽

★ 테니스공

★ 양동이

★ 물

플레이 볼!

1 상자의 옆면을 각각 잘라내어 직사각형 혹은 정사각형 판지 4장을 준비한다.

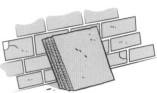

2 판지 4장을 겹쳐 쌓고 이를 벽돌 혹은 나무 벽에 똑바로 기대어 놓는다.

3 약 3m 떨어진 지점에 서서 벽에 기대놓은 판지를 향해 공을 던진다. 부딪힌 공이 얼마나 튀는지 관찰한다.

투미닛 워닝!

다른 사람에게 피해를 주지 않는 장소에서 실험을 진행하도록 한다. 안전을 위해 공은 힘을 적절히 빼고 던진다. 또한 단단한 재질의 공은 피하자.

4 판지 1장을 빼고 3단계를 되풀이한다.

5 판지가 1장만 남을 때까지 공 던지기를 되풀이한다.

6 판지가 없는 상태에서 맨 벽에 공을 같은 속도로 던진다.
공이 얼마나 튀는지 관찰한다.

7 양동이에 물을 채우고
3m 떨어진 지점에서
공을 양동이 안으로 던진 뒤
결과를 관찰한다.

슬로모션 리플레이! ▶

이 실험은 탄성충돌과 비탄성충돌을 체험할 수 있도록 해준다. 배트에 공이 잘못 맞았을 때 손에 찌릿찌릿한 충격이 느껴졌던 경험이 있는지? 그것이 바로 비탄성충돌이다. 공과 배트의 운동력이 진동으로 전환되어 손으로 전달된 것이다.

이 실험을 통해 사용되는 각각의 물체가 얼마나 탄성적 혹은 비탄성적인지 파악할 수 있을 것이다. 특히 판지를 하나씩 뺄 때마다 어떻게 공의 반응이 달라지는지 관찰해보자. 공이 물에 빠졌을 때는 또 어떻게 달라졌는가? 탄성충돌이었는지 비탄성충돌이었는지 판단해보자.

위플볼이 유난히 치기 어려운 이유

위플볼은 야구와 소프트볼보다 더 흥미진진하다. 팀을 꾸려 경기하기 편하고(야구처럼 팀당 9명이나 필요하지 않다), 공간이 좁아도 가능하기에 말 그대로 어디서나 즐길 수 있으며, 플라스틱 공과 배트를 이용하기에 남의 집 유리창을 깨뜨릴 염려도 없다. 그 이면에도 물리의 비밀이 숨어 있다.

위플볼을 치기란 쉽지 않다. 일단 위플볼에서 쓰는 노란색 배트의 폭은 야구 배트의 절반에 불과하다. 하지만 공 자체는 시속 64km 정도로 날아오는데 메이저리그 선수들이 매일 겪는 얼굴 근처까지 스치는 폭투들의 절반에도 못 미치는 속도다. 그런데도 위플볼을 치기 어려운 이유는 일단 투수의 손을 떠난 공이 어떻게 움직일지 전혀 알 수 없기 때문이다.

구멍 난 플라스틱 공의 유체역학

위플볼 투구는 과학에서도 특별한 영역인 유체역학에 그 비밀이 숨어 있다. 유체역학은 흐르는 물질의 메커니즘과 그에 작용하는 물리력을 다룬다. 여기서 액체뿐 아니라 기체도 '유체'에 포함된다는 점을 명심해야 한다. 위플볼이 공기(즉, 기체)를 가른다는 말은 사실상 유체를 통과한다는 의미가 된다. 위플볼이 날아가다 공기 중에서 휘거나 뚝 떨어지는 움직임 중 일부는 야구공이나 축구공과 다르지 않다. 하지만 위플볼에 나 있는 다수의 구멍과 그 안에 든 공기의 운동이 야구공이나 축구공과는 완전히 다른 움직임을 만들어낸다. 여기서 아주 간단한 실험을 통해 그 차이를 관찰해보자.

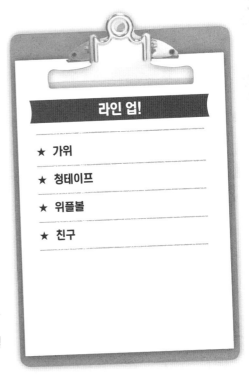

라인 업!

★ 가위

★ 청테이프

★ 위플볼

★ 친구

플레이 볼!

1 청테이프를 길게 두 조각 잘라내어
위플 공에 감아서 구멍을 모두 덮는다.

2 친구에게 15걸음 떨어진
곳에서 포수 역할을
해달라고 부탁한다.

3 공을 10차례 던진다. 커브볼을 섞는다
(공을 던질 때 손을 오른쪽이나 왼쪽으로 휙 돌린다).

4 타구가 생각대로 통제가 되었는지,
포수가 제대로 받아냈는지 점검한다.

5 공에서 테이프를 걷어낸다.

투미닛 워닝!

위플 볼이 부드럽다고는 하지만 아끼는 꽃병 정도는 얼마든지 깨뜨릴 수 있다. 가능하면 야외에서 실험을 진행하도록 한다.

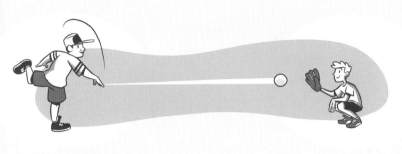

⑥ 3, 4단계를 되풀이한다.

⑦ 테이프를 걷어낸 뒤 던진 공은 움직임이
더 많이 포착되었을 것이다.

슬로모션 리플레이! ▶

테이프로 감은 위플볼은 일반 공과 비슷하게 움직인다. 여기에는 두 가지 요소가 있다. 첫째, 공은 보통 던지면 공기를 가르며 나는 동안 회전을 하게 되고 이에 따라 마그누스 효과가 일어난다. 일부 공기가 공의 표면에 달라붙어 함께 회전하는 현상을 뜻한다. 마찰로 인해 이 공기의 속도가 줄어들면 공의 반대쪽 면에 있는 공기의 속도는 상승한다.

이로써 두 번째 요소인 베르누이의 정리가 적용된다. 유체(이 경우 공기)의 속도가 올라가면 압력은 낮아진다는 법칙이다. 더 빠른 면에 있는 공기가 더 느린 면에 있는 공기보다 압력이 낮아지니 공을 약한 쪽으로 밀게 된다. 그래서 커브볼은 진행 방향의 반대로 움직이기도 하는 것이다. 이 모든 요소는 일반 공이나 테이프로 칭칭 감은 위플볼에도 적용된다. 그러나 테이프를 벗겨내어 구멍이 드러나면 이야기가 달라진다. 공 내부의 공기가 원형 기류를 형성하면서 수많은 소용돌이가 생겨난다. 위플볼의 속도에 따라서 이 소용돌이가 공의 직선 운동을 급작스럽게 강화하거나 일시적으로 방해할 수 있다.

Chapter 2

잔디밭 위의 고전역학, 필드 스포츠

골 이나 터치다운을 위해 경기장 이쪽 끝에서 저쪽 끝까지 달리면서 끊임없이 태클을 시도하는 상대팀 수비수 10여 명을 피해야 하는 상황이라면, 도움이 절실할 것이다. 다행히 집에서 손쉽게 찾을 수 있는 물건들이 필요한 돌파구를 마련해줄 수 있다. 물리 법칙 몇 가지만 잘 알고 있다면 말이다.

예를 들어, 헤일 메리 패스(미식축구 경기에서 지고 있는 팀이 종료 직전 마지막으로 시도하는 긴 전진패스)를 던지는 방법은 오래된 DVD를 이용해 배울 수 있고, 덩치 큰 선수들을 라인맨(미식축구에서 공격과 수비의 최전방에서 나란히 마주보고 도열해 있다가 몸싸움을 벌이는 포지션)에 배치하는 까닭은 골프 공을 이용해 확인할 수 있다.

거구를 자랑하는 미식축구 라인맨들은 러닝백의 진로를 막아 멈춰 세우는 역할을 한다. 반면 호리호리한 축구 미드필더들은 총알처럼 날아오는 공을 발로 자유롭게 통제할 수 있다. 여기서 적용되는 과학은? 공이든 사람이든 움직일 때는 똑같은 물리 법칙이 적용된다. 유성 같기도 하고 화염방사기 같기도 해서 악명 높은 라크로스 경기의 공도 마찬가지다. 인근 공터에서 이를 확인해보자.

축구공을 자유자재로 다루는 법

선수가 골 에어리어 근방에서 코너킥이 넘어오길 기다리고 있다. 코너킥을 확보해 통제 하에 둔 뒤 슛을 하거나 동료에게 어시스트를 해줘야 한다. 이를 "투터치 축구"라 한다. 공이 골대보다 높게 포물선을 그리며 선수를 향해 날아온다. 바로 지금이 투터치가 필요한 순간이다! 그런데 공이 발에 맞아 튀어 수비수 앞으로 굴러가버렸고 수비수는 즉시 공을 반대편으로 걷어내버렸다. 첫 번째 터치에서 공을 제대로 통제하지 못한 까닭이다. 무엇이 어떻게 잘못됐을까? 내 발끝에서는 제멋대로 굴러가버리는 공을 어떻게 메시는 몸에 붙은 듯 자유자재로 다루고 호날두는 또 날고기는 상대의 트랩을 무너뜨릴까? 축구에서는 사용이 금지된 신체 부위, 즉 손을 활용하여 그 답을 찾아보자.

트래핑과 운동량 보존의 법칙

축구 선수가 날아오는 공을 트래핑해 멈춰 세우는 모습을 자세히 관찰해보자. 그는 공과 발이 닿기 전 발을 뒤로 끈다. 운동량 보존의 법칙이 적용되는 순간이다. 운동량은 p=mv란 공식에서 p에 해당하며 m은 질량, v는 속도(속력을 포함)를 뜻한다. 선수를 향해 날아가는 공에는 특정한 운동량이 있다. "보존"이란 표현을 쓰는 이유는 이 운동량이 없어지지 않고 다른 형태로 전환될 뿐이기 때문이며, 여기서 다른 형태는 선수의 발을 뜻한다. 이 실험에서는 발 대신 손을 이용해 운동량의 보존을 확인하게 된다. 실험 자체는 곧 손에 익을 것이다. 그 후 좀 더 섬세한 물체들로도 실험해보자.

라인 업!

★ 친구

★ 테니스 공

★ 야외 계단

★ 달걀(선택사항)

플레이 볼!

1 손을 앞으로 내민 뒤 친구에게 공을 그보다 60cm 높게 들고 있으라고 부탁한다.

2 친구가 공을 떨어뜨리면 받는다. 받기 직전 손을 더 낮춘다.

투미닛 워닝! 테니스공으로 몇 차례 연습하고 나면 달걀도 문제 없이 받아낼 수 있을 것이다. 그러나 혹시 떨어뜨릴 수도 있으니 깨진 달걀을 치우기 쉬운 장소에서 실험을 진행하도록 하자.

③ 공을 확실하게 잡을 수 있을 때까지 계속 되풀이한다.

④ 친구에게 계단을 한 칸 더 올라가라고 한 뒤
1단계부터 3단계를 반복한다.

⑤ 이런 식으로 계단을 한 칸씩 올라갈 때마다 공을 떨어뜨린다.

⑥ 여덟 번째 계단에 다다랐을 때 자신감이 생겼다면
공 대신 달걀로 다시 실험해본다.

슬로모션 리플레이! ▶

운동량의 변화를 순간력(impulse)이라고 한다. 순간력은 물체에 작용하는 물리력에 충돌 시간을 곱한 값이다. 물리력이 상승하면 시간이 줄어든다. 선수가 날아오는 공을 받아 멈추려 할 때 발을 뒤로 끌면 "충돌"에 들어가는 시간이 상승한다. 시간이 상승하면 물리력이 줄어든다. 이는 공이 발을 맞고 튕겨나갈 가능성이 낮아진다는 뜻이다. 아이들이 뛰노는 놀이터 바닥에 깔아놓는 부드러운 고무 소재 역시 이러한 법칙의 좋은 예다. 여기서도 충격의 시간이 늘어나면 물리력이 줄어들기 때문에 부상의 가능성 역시 낮아진다.

<table>
<tr><td>종목</td><td>미식축구</td><td>소요시간 ·········· 15분</td></tr>
</table>

미식축구의 전진패스에는 왜 회전을 넣을까?

공격권은 우리 팀에 있다. 네 차례의 공격 기회 중 벌써 두 번을 사용했는데 아직 전진하지 못한 채 22야드(약 20.1미터) 지점에 멈춰 있는 상태다. 세 번째 공격을 시도하는 상황에서 경기 종료 시간은 코앞으로 다가왔고, 우리 팀은 여전히 5점이나 뒤져 있다. 역전을 위해 기적의 헤일 메리 패스(미식축구 경기에서 지고 있는 팀이 종료 직전 마지막으로 시도하는, 게임을 뒤집을 수 있는 긴 전진패

스)가 절실한 때! 쿼터백은 공을 넘겨받아 뒤로 몇 걸음 물러선다. 태클을 시도하는 상대편 선수 2명을 제친 다음 공에 강력한 회전을 넣어 장거리 패스를 시도한다. 공은 경기장을 가로질러 저 멀리 와이드 리시버 앞에 당도한다. 와이드 리시버가 이 공을 받아 터치라인 너머 엔드존으로 달려 들어가면 승리의 터치다운이 완성된다. 이 기적 같은 플레이가 성공하려면 수많은 행운이 따라야 한다. 쿼터백이 태클을 피해야 하고, 리시버들이 수비수로부터 자유로워야 하며, 그러한 리시버들이 쿼터백의 눈에 제때 띄어야 한다. 그런데 행운과 무관한 요소가 하나 있다. 공에 회전을 넣는 행위다. 왜 이런 패스에는 반드시 회전을 넣을까?

회전의 효과

회전 패스가 왜 효과적인지를 설명하려면 로켓 과학을 약간 동원해야 한다. 로켓이나 비행기, 자동차처럼 미식축구공도 날아갈 때 공기와의 마찰로 발생하는 저항을 줄일 필요가 있다. 로켓과 전투기 같이 빠르게 이동하는 물체는 공기를 쉽게 가르도록 앞부분이 뾰족한 유선형 디자인을 채택하며, 미식축구공도 저항을 최소화하기 위해 앞뒤 양끝을 뾰족하게 만든다. 그런데, 미식축구공은 날아가는 동안 어떻게 출렁이지 않고 같은 자세가 유지될까? 여기에 적용되는 과학 원리는 각운동량(회전하는 물체의 운동량)이다. 각운동량은

라인 업!

★ 볼펜

★ 큰 탁자 혹은 평평한 바닥

★ 포스터 퍼티(포스터를 벽에 붙일 때 사용하는 접합제)

★ DVD, CD, 혹은 비디오게임 디스크

물체가 회전축을 중심으로 계속 회전하도록 만들고, 이 회전축을 같은 방향으로 유지한다. (자전거를 탈 때 페달을 밟아 속도를 유지하면 쓰러지지 않고 똑바로 서 있게 되는 원리도 각운동량이다.) 미식축구공도 회전을 계속해야 뾰족한 끝이 공기 저항을 최소화하는 경로를 유지하며 날아갈 수 있다.

플레이 볼!

1 펜을 수직으로 잡고 있는다.
펜 끝은 바닥이나 탁자에 살짝 닿아야 한다.

2 손가락으로 펜을 재빠르게 돌려 회전시킨다.

3 펜이 거의 즉시 넘어질 것이다.

4 포스터 퍼티를 포도알 크기만큼 떼어내어 부드럽게 만든 다음 펜 끝으로부터 약 2.5cm 떨어진 지점에 감아 붙인다.

포스터 퍼티

투 미닛 워닝! 액션이든 코미디든 공상과학이든, 영화의 장르는 상관없다. 다만 누군가가 아끼는 절판된 DVD를 사용하지 않도록 주의한다.

다음 실험을 통해 각운동량을 불과 몇 초 안에 간단히 확인할 수 있다. 펜을 미식축구공의 양 끝을 잇는 가상의 회전축이라고 생각하며 실험해보자.

⑤ 펜 끝과 퍼티 사이를
손가락으로 잡고
반대편 끝으로 DVD를 끼운다.

⑥ DVD를 퍼티 쪽으로 꽉 눌러
단단히 고정시킨다.

⑦ 1, 2단계를 되풀이한다.
이번에는 펜을 회전시켜도 쉽사리
쓰러지지 않을 것이다.

슬로모션 리플레이! ▶

각운동량은 질량, 속도, 물체의 반경 등 3가지 요소에 의해 좌우된다. 반경은 원의 중심에서 모서리 사이 거리를 가리킨다. 펜은 각운동량을 생성하기에는 반경이 너무 작다. 질량이나 속도를 높일 수도 없다. 그러나 DVD를 붙임으로써 반경을 늘릴 수 있다. 미식축구공은 펜보다 질량도 크고 반경도 훨씬 길다. 미식축구의 쿼터백들은 공을 던질 때 회전을 강하게 주어 속도를 높이는 연습을 한다. 그래서 각운동량이 늘어나고 뾰족한 끝이 계속 전면을 향하면서 공기 저항을 최소화하게 된다.

라인맨은
왜 덩치가 클까?

미식축구의 공격수 5명(센터, 가드 2명, 태클 2명)은 두 가지를 책임진다. 공을 든 러너가 필드를 돌파하는 러닝 플레이에서는 러너가 지나갈 수 있도록 수비 라인에 구멍을 만들어내고, 쿼터백이 공을 필드 반대편으로 던져 와이드 리시버가 받을 수 있도록 하는 패싱 플레이에서는 쿼터백이 태클 딩하지 않고 무사히 공을 던질 수 있도록 보호한다. 수비 라인 4명에게는 공격 라인과 정반대의 임무가 주어진다. 상대편 러너가 통과할 수 없게 방어벽을 견고히 유지하고, 상대편 쿼터백이 패스할 때 태클을 건다. 어떤 역할을 하든 이 선수들에

게는 한 가지 특성이 있다. 바로 아주, 아주 덩치가 크다는 것이다. 라인맨이라 불리는 이들은 다른 포지션보다 몸무게가 더 나가고 키도 크며 비교적 느리다. 그러한 신체 조건이 라인맨 자리에 적합한 과학적 이유가 있을까?

버티는 힘!

300년 전 영국의 천재 물리학자 아이작 뉴턴 경은 미식축구의 "미"자도 몰랐겠지만, 라인맨이 덩치가 클수록 유리한 과학적 근거는 충분히 설명해줄 수 있었을 것이다. 그가 1686년 발표한 운동의 3대 법칙은 모두 질량이 중심이 된다. 제2법칙에 따르면 물리력(F)은 물체의 질량(m)에 가속도(a)를 곱한 값이다. 흔히 F=ma라는 공식으로 표현한다. 이 법칙이 말해주듯 몸무게가 무거울수록 발휘할 수 있는 물리력도 커진다. 또, 가속도는 속도가 변화하는 정도를 뜻한다. 질량(m)에 속도(v)를 곱하면 운동량(p)이 된다

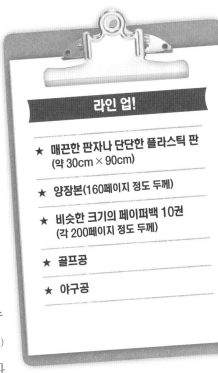

라인 업!

★ **매끈한 판자나 단단한 플라스틱 판** (약 30cm × 90cm)

★ **양장본(160페이지 정도 두께)**

★ **비슷한 크기의 페이퍼백 10권** (각 200페이지 정도 두께)

★ **골프공**

★ **야구공**

(p=mv). 라인맨은 어차피 공과 가까운 곳에 있기 때문에 속도가 그리 중요하지 않다. 따라서 a와 v는 그다지 큰 비중을 차지하지 않는다. 대신 상대방 라인을 무너뜨리거나 그들의 힘을 버텨내기 위해 많은 운동량이 필요하다. 다음 실험을 통해 운동량에 대해 알아보자.

플레이 볼!

1 판자를 편평한 탁자나 바닥에 놓는다.

2 양장본을 판자 한쪽 끝에 세운다. 그림과 같이 책의 좁은 면이 판자에 닿게 세운다.

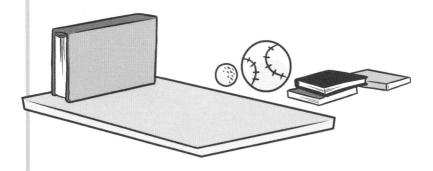

3 페이퍼백 한 권을 판자 반대편 끝 아래 괴어 양장본이 서 있는 곳까지 경사면을 만든다.

투미닛 워닝!

양장본이 잘 넘어지지 않으면 더 작고 가벼운 양장본으로 대체한다.

4 골프공을 괴어놓은 페이퍼백 바로 위에 놓고 굴린다.

5 양장본이 쓰러지지 않으면 판자 밑에 두 번째 페이퍼백을 넣어 괸 뒤 4단계를 반복한다.

6 골프공이 양장본을 쓰러뜨릴 때까지 페이퍼백을 계속 괴어 경사를 가파르게 만든다.

7 야구공을 이용하여 2단계부터 6단계를 반복한다.

슬로모션 리플레이! ▶▶

야구공은 대략 150g, 골프공은 대략 50g이다. 두 가지 공 모두 양장본을 넘어뜨릴 정도의 운동량을 발생시킬 수 있지만 질량과 속도가 각각 다르다. 골프공은 야구공보다 경사면이 가팔라야(즉, 가속도가 더 높아야) 책을 쓰러뜨릴 수 있다. 야구공은 질량이 3배가량 더 높기 때문에 가속도는 훨씬 적어도 된다. 라인맨을 생각해보자. 공에 아주 가까운 포지션이기 때문에 가속도가 별로 필요 없다. 그러나 운동량은 필요하다. 이 실험의 야구공처럼 라인맨도 질량에 의존하는 것이다.

쿼터백은 왜 미식축구 공의 바람을 뺄까?

뉴잉글랜드 패트리어츠는 스릴 넘치는 막판 승부로 제49회 슈퍼볼을 거머쥐기 전인 2015년 1월 18일 AFC(아메리칸 풋볼 컨퍼런스) 챔피언십 경기에서 인디애나폴리스 콜츠를 꺾었다. 바로 이 경기 전반부에 콜츠가 패트리어츠의 패스를 인터셉트하면서 "바람 빠진 공 논란"이 불거졌다. 패트리어츠 쿼터백 톰 브래디가 던진 패스를 콜츠 라인배커 드퀄 잭슨이 가로챈 직후 콜츠의 장비 담당 매니저가 공을 확인하게 되었는데 바람이 많이 빠져 있었다. 공 속 공기의 압력을 측정해보니 경기에 쓰이는

공은 12.5psi(평방인치당 파운드, 압력의 단위) 이상이어야 한다는 최소 압력 기준에 못 미쳤고, 이 사실은 곧바로 NFL(프로미식축구리그) 관계자들에게 보고됐다. 그런데 왜 규정을 어겨가며 미식축구공의 공기 압력을 줄이려 했을까? 또 공을 좀 건드렸다고 해서 굳이 지적을 하고 논란을 불러일으킬 만한 일이었을까? 과학자들이 선호하는 실증적 방식(관찰과 기록)을 통해 답을 찾아보자.

그날따라 날씨가 추웠을 뿐이라고?

NFL은 공의 압력이 12.5~13.5psi를 유지해야 한다고 규정하고 있다. 미식축구공은 자전거 바퀴와 같다. 바람을 넣어 압력이 커질수록 크고 팽팽해진다. 덜 부푼 공은 움켜쥐기가 더 쉬워서 던지고 받는 데 용이하고 공을 놓치는 상황도 줄일 수 있다. 그러니 팀에 할당된 경기용 공 12개의 바람을 살짝 빼놓으려는 유혹이 찾아올 법도 하다. 하지만 그리 단순한 문제가 아니다. 공기는 기체라서 주변 온도에 따라 압력이 변한다. 이제 실험을 통해 "바람 빠진 공" 사건의 양면을 살펴보도록 하자.

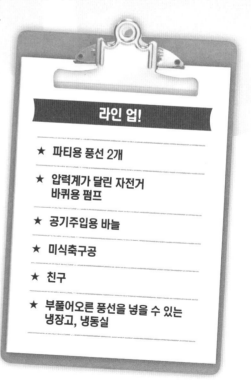

라인 업!

★ 파티용 풍선 2개

★ 압력계가 달린 자전거 바퀴용 펌프

★ 공기주입용 바늘

★ 미식축구공

★ 친구

★ 부풀어오른 풍선을 넣을 수 있는 냉장고, 냉동실

플레이 볼!

1 풍선 2개를 불어서 끝을 묶은 뒤 하나만 냉동실에 넣는다. 시간을 확인한다.

2 자전거 바퀴용 펌프와 공기주입용 바늘을 이용해서 공에 바람을 13.5psi까지 넣는다.

3 친구에게 20걸음 떨어진 곳에 서 있어 달라고 부탁한다.

4 각자 5차례씩 공을 던져서 몇 번이나 받았는지 기록한다.

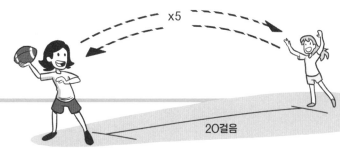

x5

20걸음

투 미 닛 워닝!

같이 실험할 사람이 없다면 나뭇가지 에 천을 걸어놓고 표적으로 삼는다. 태클은 금지!

5 바늘을 이용해 풍선에서 바람을 살짝 빼서 압력을 13psi로 만든다. (그보다 낮아지면 풍선에 바람을 조금 더 넣으면 된다.)

6 3, 4단계를 반복한다.

7 압력을 0.5psi씩 낮추면서 10psi에 이를 때까지 3, 4단계를 반복한다.

8 공을 가장 잘 다룰 수 있고 패스가 가장 잘 되었던 압력 수치를 확인한다.

9 1시간 뒤 냉동실에서 풍선을 꺼낸다.

10 풍선 2개의 크기를 비교한다.

슬로모션 리플레이! ▶

이 실험은 과학자들이 흔히 말하는 실증적 연구에 가깝다. 살짝 바람을 뺀 공이 던지거나 잡기에 더 쉬운지 직접 알아보는 것이다. 냉동실에 한 시간 동안 넣어두었던 풍선을 꺼내보면 애초보다 작아져 있을 것이다. 기체는 온도가 내려가면 수축하기 때문이다. 이에 따라 패트리어트 팀 팬들은, 팀에서 반칙을 저지른 것이 아니라 뉴잉글랜드의 혹독한 겨울 추위에 실온 공기를 채운 공을 야외에 몇 시간이나 놓아두었으니 당연히 psi가 내려갔을 것이라고 주장한다. 과연 무엇이 진실일까?

라크로스 슛은 왜 그렇게 악명이 높을까?

라크로스는 북미에서 가장 오랜 전통을 자랑하는 스포츠다. 최초의 프랑스인 정착민과 원주민으로 거슬러 올라가지만 결코 느리거나 지루하지 않다. 선수들은 야구의 투수와 포수 간 거리 절반밖에 되지 않는 거리에서 메이저리그 강속구보다 10퍼센트는 빠른 슛을 규칙적으로

힘만 좋은
초보자들은
저리 비켜라!

날린다. 시속 160km에 달하는 괴물 같은 슛이 나오는 비결은 뭘까? 답은 아주 단순한 과학적 요소에서 찾을 수 있다. 공의 입장이 되어 라크로스 슛의 원리를 경험하게 될 텐데, 이 책에 수록된 실험 중 아마 가장 단순한 실험일 것이다.

괴물 슛 발사!

일단 라크로스 채를 이용하면 맨손으로 던질 때보다 공의 속도가 현저히 높아진다. 공을 던질 때는 팔이 지렛대 역할을 한다(사실상 지렛대는 2개다. 어깨부터 팔꿈치로 이어지는 부위와 팔꿈치부터 손목으로 이어지는 부위다). 각 지렛대가 토크(회전력)를 높여주는데, 라크로스 채는 세 번째 지렛대가 된다. 이런 지렛대 조합 덕분에 제자리에 서서 머리 위로 라크로스 채를 휘두르기만 해도 공을 날려보낼 수 있다. 여기에 라크로스 선수는 몸을 뒤로 비틀어 각운동량이라고 불리는 회전까지 추가한다. 다시 한번 말하지만 운동량은 질량에 속도를 곱한 값이며, 몸을 비틀게 되면 채의 운동량이 증가한다. 한데 라크로스 선수는 몸을 비틀 뿐만 아니라 전속력으로 달려나가 공을 던지기 때문에 말 그대로 로켓 같은 폭발력을 발휘한다. 이제 가까운 공터로 가서 직접 슛을 날려보자.

라인 업!

★ **놀이터 뺑뺑이**

플레이 볼!

1 손으로 돌리면 돌아가는 놀이터 뺑뺑이를 찾는다.

2 아무도 타고 있지 않을 때 뺑뺑이를 몇 번 밀어 회전시킨다.

3 20걸음 뒤로 간다.

투미닛 워닝!

놀이터 바닥이 푹신푹신한 고무 재질이거나 모래인지 확인한다. 굴러 떨어지거나 다리를 접지를 수 있다.

4 속력을 반만 내서 앞으로 달려나가 뺑뺑이에 오른다. 올라탄 뒤 몇 바퀴를 돌았는지 센다.

5 4단계를 반복한다. 매번 달려나갈 때마다 속력을 조금씩 올리고 마지막에는 전속력으로 달려 올라탄다.

슬로모션 리플레이! ▶▶

라크로스 선수들이 괴물 슛을 날릴 때 제자리에 가만히 서서 팔만 휘두르지 않는다. 전속력으로 앞으로 달려나감으로써 선운동량을 상승시킨다. 채를 잡은 팔은 뒤로 한껏 젖혀서 각운동량을 더한다. 그랬다가 앞으로 뻗은 다리를 땅에 내리꽂으면서 급정지한다. 선운동량이 각운동량으로 전환되는 순간 로켓 슛이 폭발한다.

이 실험에서도 뺑뺑이를 향해 뛰면서 선운동량이 증가했고, 뺑뺑이에 올라타는 순간 선운동량이 각운동량으로 전환되었다. 운동량은 질량에 속도를 곱한 값이다. 뛰는 동안 몸무게가 갑자기 줄지 않는 이상 질량(즉, 뛰는 이의 체중)은 동일할 수밖에 없다. 그렇다면 뛸 때마다 속도를 높여야 운동량이 증가한다. 속력을 높여 뛸 때마다 뺑뺑이가 돌아가는 횟수도 늘어났을 것이다.

Chapter 3

바람 없는 공간의 돌풍, 실내 스포츠

실내에서 즐길 수 있는 스포츠는 생각보다 무척 다양하다. 그리고 '실내'라는 말이 주는 이미지와 달리 사시사철 격렬하고 화려한 분야다. 실내 스포츠는 마법이 작용하는 세계다. 그렇지 않고서야 허공을 가르며 날아올라 저 높은 골대에 꽂아 넣는 슬램덩크, 자기 체중의 2배나 되는 상대방을 들어서 넘기는 유도 기술을 어떻게 설명할 수 있겠는가? 자기 키보다도 높이 뛰어올라 공중제비를 몇 바퀴나 돌고도 완벽한 자세로 착지하는 체조 선수들도 있다. 겹겹이 쌓은 나무판자를 맨손으로 격파하는 태권도며 가라테도 마찬가지다.

물론 스포츠는 마법과 아무런 상관이 없다. 이 기적과 같은 일이 어떻게 가능한지 그 수수께끼를 풀어보려 한다. 속임수일까? 아니면 기술? 아니면 로켓 과학? 이 중에 정답이 있다.

종목	농구	소요시간 · · · · · · · · · · · 10분

슬램덩크를 할 때 선수들은 정말 허공에 떠 있을까?

1891년 매사추세츠주 스프링필드에서 최초의 농구 경기가 열렸다. 농구를 고안한 제임스 네이스미스 박사가 이 경기를 지켜보았다. 백보드도 없이 3m 높이에 매단 복숭아 바구니가 골대였다. 선수들은 내부

분 180cm가 채 되지 않았고 득점하는 경우는 매우 드물었다. 게다가 바구니는 밑바닥이 뚫려 있지 않아서 어쩌다 골이 들어가면 누군가가 사다리에 올라 공을 꺼내야 했다. 네이스미스 박사가 아직 살아 있다면 요즘 농구 선수들의 스피드와 패스, 슛 정확도, 그리고 무엇보다 슬램덩크에 깜짝 놀랄 것이다. 훌쩍 뛰어올라 무한대처럼 느껴지는 긴 시간 동안 허공에 떠 있다가 그물에 공을 꽂아 넣는 장면을 보고 꿈인가 싶어 스스로를 꼬집어볼지도 모를

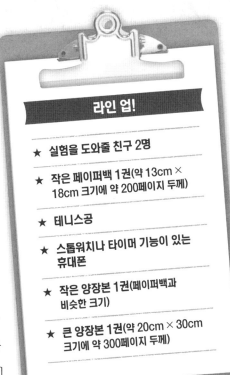

일이다. 우리도 슬램덩크를 보고도 눈을 의심할 때가 많으니까. 마이클 조던은 중력을 무시하듯 허공에 붕 떠오르고, 드와이트 하워드는 골대 근처로 떠올라 그대로 고공패스를 받아 3.8m 높이 골망에 공을 집어넣는다. 여자 선수인 캔디스 파커 또한 기가 막힌 슬램덩크를 손쉽게 해낸다. 대체 요즘 농구장에서는 무슨 일이 벌어지고 있는 것일까?

나비처럼 날다

르브론 제임스와 케빈 듀란트, 마이클 조던의 의견은 다를지도 모르겠지만, 사실 이 점프 능력자들에게도 우리와 똑같은 운동의 법칙이 적용된다. 허공에 머무는 시간은 공중에 뜨는 능력이 아니라 점프력에 달려 있다. 점프력이 클수록 더 오랜 시간 공중에 머물게 된다. 뉴턴의 운

동 법칙에 따르면 물체가 추락하는 속도는 솟아오르는 속도와 같다. 점프한 뒤 착지할 때까지 걸리는 시간을 체공시간이라 한다. 제자리에서 90cm까지 뛰어오를 수 있는 선수도 체공시간은 약 0.85초에 불과하다. 다리를 접어 올리거나 공에 매달리는 듯한 동작을 통해 더 높이

플레이 볼!

1 친구 A에게는 시간을 재 달라고 부탁하고, 친구 B에게는 공을 떨어뜨려 달라고 부탁한다.

2 가장 먼저 작은 페이퍼백을 손에 든다 (책을 배트 삼아 테니스공을 위로 치게 된다).

3 친구 B에게 책 위로 가능한 한 공을 높이 쳐들고 있으라고 부탁한다. 친구 A는 타이머를 준비한다.

투 미닛 워닝!

이 실험은 야외에서 진행해야 한다. 실내에서 진행하게 되면 공이 천장에 맞을 수도 있고 어느새 이웃집에서 초인종을 누를 것이다.

뛰어올라 오래 머무르는 듯이 보이게 할 수는 있지만, 뉴턴의 계산보다 더 길게 허공에 떠 있을 순 없다. 이 실험은 속임수를 사용하지 않고 뛰어오르는 힘과 체공시간의 상관관계를 보여줄 것이다.

4 셋을 센 뒤 공을 떨어뜨린다. 타이머는 책으로 공을 쳤을 때 시작하고 공이 땅에 떨어졌을 때 멈춘다.

5 2단계부터 4단계까지 각각 다른 책으로 반복하고 시간 차이를 기록한다.

슬로모션 리플레이! ▶▶

이 실험을 통해 책마다 다른 운동량을 비교할 수 있다. 운동량은 질량에 속도를 곱한 값이다. 각 책을 휘두른 속력이 같다고 가정할 경우 속도는 동일해진다. 그러나 책마다 질량은 다르다. 질량이 커질수록 운동량도 상승한다. 또한 앞서 말했듯 슬램덩크의 성공은 체공시간에 달려 있고, 체공시간은 점프력에 의해 좌우된다. 테니스공을 위로 쳐올리는 물리력이 클수록 측정된 공의 체공시간도 늘어났을 것이다.

농구공에 바람을 팽팽하게 채우면 왜 더 잘 튀어 오를까?

스포츠 종목마다 공의 크기는 제각각 다르고 그 재질로 달라서 당연히 공이 튀는 정도도 다르다. 탁구공이 크로켓 공 정도로만 튄다거나 야구공으로 테니스를 치면 어떨지 상상해보라. 우리가 아는 것과는 전혀 다른 스포츠가 될 것이다. 심지어 아즈텍인들은 사람 머리로 성스러운 공놀이를 하기도 했다고 한다. 어쨌거나 농구만큼 공의 탄력이 생명

인 스포츠는 없다. 인터넷을 돌아다니는 기가 막힌 농구 묘기들도 이 특성에 크게 기댄다. 농구의 드리블, 리바운드, 바운스 패스 등은 전적으로 공의 탄력에 의존한다. 농구공의 탄력이 어떻게 극대화되는지 알아보자.

탄력을 되찾은 농구공

관찰을 통해 실증적 실험을 해볼 기회가 다시 찾아왔다. 다들 알다시피 농구공에는 공기를 채워야 한다. 농구공은 외피가 더 두껍고 질기다는 사실을 제외하면 풍선과 크게 다를 바 없다. 공의 움직임을 유심히 관찰하며 공의 이동 경로를 정확히 표시해야 한다. 측정과 기록이 완료되기 전에는 슬로모션 리플레이의 풀이를 읽지 않도록 한다. 선입견이 실험에 영향을 미칠 수 있기 때문이다. (힌트: 이 실험의 결과는 미국프로농구협회 NBA가 권장하는 농구공의 압력과 관계가 깊다.)

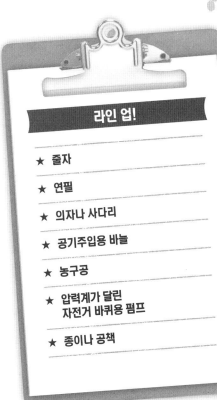

라인 업!

★ 줄자

★ 연필

★ 의자나 사다리

★ 공기주입용 바늘

★ 농구공

★ 압력계가 달린
   자전거 바퀴용 펌프

★ 종이나 공책

플레이 볼!

1 연필로 표시를 해도 괜찮은 벽이나 문지방을 찾는다.

2 바닥으로부터 약 2m 되는 지점에 표시를 한다. 의자나 사다리에 올라가야 할 것이다.

3 공기주입용 바늘을 농구공에 꽂고 바람을 거의 다 뺀다.

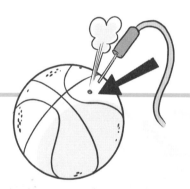

투 미닛 워닝!

바닥이 편평하면서 단단한 곳에서 실험을 진행해야 공이 제대로 튀어 오른다. 야외에서 실험을 진행하면 바닥에 돌이 있거나 울퉁불퉁한 아스팔트가 깔려 있어 제대로 된 결과가 나오지 않을 수 있다.

4 자전거 바퀴용 펌프를 연결해서 공의 기압을 확인한다.
5psi에 이를 때까지 공기를 주입한다.

5 바늘을 빼고 공의 아래쪽 끝이 2m 지점 표시와 나란하도록
들고 있는다.

6 공을 바닥으로 떨어뜨린 뒤
얼마나 높이 튀어 오르는지
관찰하고 공책에 기록한다.

7 기압을 6, 7, 8, 9psi로
올리면서 4, 5, 6단계를 반복한다.

슬로모션 리플레이! ▶▶

공에 공기를 주입하면 공 내부의 기압이 올라간다. 이것이 기체의 부피와 압력은 서로 반비례한다는 보일의 법칙이다. 이렇게 내부의 압력이 상승한 공이 특정 표면(이 실험에서는 바닥)과 맞부딪히면 물리력이 전달된다. 뉴턴의 제3법칙인 작용과 반작용의 법칙이다. 여기서 반작용은 공이 튀어 오르는 바운스다. 공 내부의 압력이 높을수록 바운스도 커진다.

NBA 권장 규정은 7.5~8.5psi이며, 이에 따라 경기에서는 대부분 공의 압력을 8psi로 유지한다. 이 실험대로 2m에서 공을 떨어뜨리면 튀어 올랐을 때 공의 맨 위쪽 끝이 대략 1.3~1.5m에 다다른다.

나도 골리앗을 집어던질 수 있다

어둠 속에서 가냘픈 젊은 여성을 향해 다가가는 그림자가 보인다. 곧 거구의 젊은 남성이 모습을 드러냈다. 여성보다 머리 하나는 더 크고 몸집은 탱크 같다. 남성은 여성이 메고 있던 가방을 움켜쥐고는 여성을 밀치려 한다. 그때 갑자기 여성이 전광석화와 같은 움직임으로 남성의

팔을 자신의 어깨에 두르더니 몸을 홱 비튼다. 남성의 거구가 크게 한 바퀴 돌아서 땅바닥에 메다 꽂힌다. 쿵! 숨이 턱 막히고 정신이 가물가물하지만 다친 곳은 없다. 여성은 가방을 다시 둘러메고 걸어가다 뒤를 돌아보며 말한다. "유도하는 사람한테 함부로 덤비지 마라."

무게중심의 과학

유도 선수는 경기력을 향상시키기 위해 끊임없이 물리의 원리를 활용한다. 그중에서도 "신체에서 무게가 쏠려 있는 지점", 즉 무게중심의 개념이 흔히 동원된다. 이 원리를 이해하기 위해 물리학자나 유도 선수가 될 필요는 없다. 그냥 한 발로 서 있어 보자. 이 자세를 유지하려면 가끔씩 몸이 이쪽저쪽으로 기울게 되는데, 이는 땅을 딛고 있는 발에 무게중심이 맞춰지도록 몸이 스스로 조율하기 때문이다. 유도 선수는 상대방의 무게중심을 한 발에 쏠리게 하려고 중력과 회전력을 이용해 공격한다. 그래서 젊은 여성이 자신보다 훨씬 체구가 큰 남성을 집어 던질 수 있었던 것이다. 이 실험을 통해 심오한 무게중심의 원리를 확인해보자.

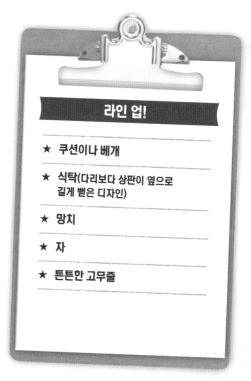

라인 업!

★ 쿠션이나 베개

★ 식탁(다리보다 상판이 옆으로 길게 뻗은 디자인)

★ 망치

★ 자

★ 튼튼한 고무줄

플레이 볼!

 식탁 모서리 아래에 쿠션이나 베개를 깐다.

② 망치와 자를 그림과 같이 든다. 망치 손잡이 끝과 자 끝을 나란히 맞춘다.

③ 고무줄을 망치와 자 아래쪽 끝으로 넣어 망치 머리에서 2.5cm 떨어진 지점까지 밀어 올린다.

④ 망치와 자 끝이 서로 닿도록 한 손으로 단단히 쥐고 자의 반대편 끝을 식탁 모서리로부터 약 2.5cm 밀어 올린다. 나머지 손으로 자 끝을 누른다.

투미닛 워닝!

망치가 바닥에 떨어져 흠집을 내거나 발가락을 찧을 수 있으니 반드시 식탁 아래에 쿠션이나 베개를 깔아둔다.

5 망치가 고무줄에 의지하여 대롱대롱 매달리게 될 것이다.

6 천천히 양손을 뗀다.
자는 식탁으로부터
뻗어 나와 있고 망치는
그 밑에 매달린 채
균형을 유지해야 한다.

천천히!

7 성공하기 쉽지 않다.
인내심을 가지고 될 때까지
여러 차례 시도한다.

슬로모션 리플레이! ▶▶

앞서 여성이 남성을 들어서 메다꽂았듯, 무게중심을 이용하면 적은 힘으로
도 안정적인 물체를 불안정하게 만들 수 있다. 이 실험에서는 반대로 불안정
한 조합을 안정적으로 만들게 된다. 밀도와 형태가 일정한 물체는 무게중심
이 정확히 중앙에 위치한다. 그러나 형태가 일정하지 않은 물체, 여러 가지
형태가 혼합된 물체는 무게중심이 물체 바깥쪽에 있을 수 있다. 금속으로 이
루어진 망치 머리는 나무 손잡이보다 훨씬 밀도가 높다. 따라서 망치 머리와
손잡이 사이 균형을 유지하려면 손잡이가 머리보다 길어야 한다. 망치의 무
게중심은 손잡이와 머리가 만나는 지점이다. 그래서 한쪽으로 기울어 있기
는 하지만 균형이 유지되고 있는 것이다.

종목	가라테	소요시간	20 분

맨손으로
나무판자 격파하기

두 줄로 쌓아 올린 벽돌 위에 나무판자가 여러 겹 놓여 있다. 헐렁한
도복 차림의 무술인이 그 앞으로 다가선다. 숨죽인 채 지켜보는 관중

앞에서 그가 팔을 한껏 뒤로 젖혔다가 맨손으로 내리치면 두 동강 난 판자 조각들이 나뒹군다. 그렇다! 도끼도, 톱도 없이 맨손으로 격파한 것이다. 어떻게 가능할까? 어쩌면 무술인의 흰 도복은 과학자의 실험실 가운을 겸할지도 모른다. 이 놀라운 격파술에는 운농량(운동의 물리력), 뉴턴의 제2법칙(F=ma), 밀도 등 여러 가지 과학 원리가 동원되기 때문이다. 이 실험에서도 같은 원리를 이용해 격파를 시도해본다. 실험을 마치면 하산해도 좋다!

격파의 물리학

일본 무술 가라테에서는 이러한 손으로 하는 격파를 "테가타나(手刀)"라 부른다. 직역하자면 '손 칼'이다. 이 테카타나로 판자나 벽돌을 격파할 뿐만 아니라 상대를 공격하거나 스스로 방어하기도 하는 것이다. 실전 무술과는 달리 실험을 하다 다칠 위험은 전혀 없다. 그러나 무술의 달인들이 어떻게 그런 괴력을 발휘하여 단단한 판자를 격파할 수 있는지 확인할 수 있을 것이다. 벽돌 혹은 두꺼운 책을 나란히 놓고 그 위에 아이스바 막대를 겹쳐 올린다. 책은 반드시 표지가 단단한 양장본을 사용해야 한다. 페이퍼백은 물렁물렁해서 막대로 전달되어야 할 물리력을 일부 흡수해버릴 수 있다.

라인 업!

★ 벽돌 2개 혹은 두꺼운 양장본 2권

★ 아이스바를 먹고 난 나무막대 5개(5개를 여분으로 더 준비하면 좋다)

★ 탁구채

★ 똑같은 동전 10개

플레이 볼!

1 단단한 바닥이나 식탁에 약 15cm 간격을 두고 벽돌을 두 줄로 쌓는다. 책을 이용할 경우 높이가 같은지 확인한다.

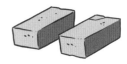

2 아이스바 나무막대를 양 벽돌에 걸쳐 놓는다. 이때 양쪽에 걸쳐진 부분의 길이가 같아야 한다.

3 그 위에 나무막대 4개를 겹쳐 쌓는다. 5개 모두 나란히 맞춘다.

4 탁구채로 나무막대를 내리친다. (너무 강하게 내리치지 않도록 주의한다.)

5 나무막대가 흩어졌을 뿐 부러지지는 않았을 것이다.

투 미닛 워닝! 절대 실제 나무판자나 벽돌로 격파 연습을 해서는 안된다. 무술인들은 오랜 시간에 걸쳐 고통을 견디며 수련을 한 사람들이다. 그들조차 격파 연습 중 뼈가 부러지고 인대가 늘어나는 등 흔히 부상을 입는다. 함부로 따라하지 않도록 한다.

⑥ 막대를 다시 쌓되 이번에는
막대 사이에 동전을
하나씩 끼운다
(벽돌이나 책에 걸쳐신
막대의 양끝에 끼운다).

⑦ 동전이 5개 막대 양쪽 끝 사이마다
끼워졌는지 확인한다.

⑧ 4단계를 되풀이한다. 이번에는 무리 없이
막대를 부러뜨릴 수 있을 것이다.

슬로모션 리플레이! ▶▶

혹시 아이스바 나무막대가 너무 시시해 보이는가? 그런데 실제 격파 시범에
쓰이는 판자도 특별히 잘 쪼개지는 나무로 만든다. 벽돌이라 해도 격파 지점
만 잘 맞추면 한번에 쪼개진다. 대리석이나 철근으로 격파 시범을 보이지 않
는 데는 다 이유가 있다. 그 외에도 실제 격파 시범과 비슷한 점은 나무막대
사이에 동전을 넣어 간격을 띄워서 하나씩 격파하게 된다는 것이다. 실제 격
파 시범에서도 판자 사이 간격을 조금씩 띄워놓는다. 그러면 전체 밀도가 낮
아져 격파가 더 쉬워진다.

결국 하향 운동량을 조금씩 나누어서 막대를 하나하나 쪼개 나가는 것이다.
막대 하나마다 운동량이 줄어들지만 충분히 다 깰 수 있다. 나뭇가지도 10개
를 모아 쥐고 부러뜨리려 하면 어렵지만 하나씩 부러뜨리면 쉽지 않은가?

| 종목 | 트램펄린 | 소요시간 · · · · · · · · · · · · · · | 45분 |

방방이의 치명적인 매력 해부하기

어린 시절 방방이, 즉 트램펄린에 매료되어본 기억은 누구에게나 있을 것이다. 트램펄린에서 누가 더 높이 뛰어오르는지 경쟁도 하고, 무중력 상태의 우주인 흉내도 내보며 그 탄력을 만끽했던 경험은 다시 떠올려도 즐겁다. 그런데 이 단순한 트램펄린 놀이가 고도의 물리학 실험에 가깝나는 사실을 알고 있있는지? 운동, 중력, 스프링, 고체가 공존하는 현장이니 과학적 발견이 이루어질 수밖에 없다. 아이작 뉴턴은 그런 기구가 있다는 사실을 알지도 못했을 것이다. 하지만 그가 정리한 물리 법칙은 트램펄린의 작동 원리를 완벽하게 설명해준다.

'탄성'충돌의 에너지 보존

탄성충돌과 비탄성충돌이란 용어가 익숙하지 않은 사람이 많을 것이다. 야구공이나 골프채처럼 딱딱한 물체가 어떻게 탄성이 있을 수 있는지 의문을 제기하는 사람도 많다. 탄성충돌은 체육관 바닥에 농구공을 드리블할 때처럼 애초 운동에너지가 상당 부분 보존되는 충돌을 말한다. 비탄성충돌은 물체의 운동에너지가 충돌로 인해 상실되는 경우인데, 야구공을 베개에 던지면 그런 충돌이 발생한다. 그럼 이제 집 주방에서 트램펄린을 직접 만들고 뉴턴의 운동 법칙들을 눈으로 확인해보자.

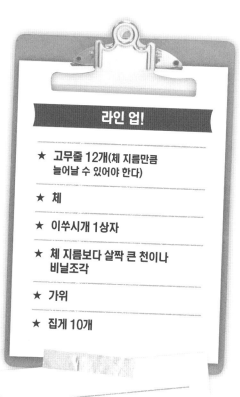

라인 업!

★ 고무줄 12개(체 지름만큼 늘어날 수 있어야 한다)

★ 체

★ 이쑤시개 1상자

★ 체 지름보다 살짝 큰 천이나 비닐조각

★ 가위

★ 집게 10개

★ 탁구공

★ 구슬

★ 골프공

★ 테니스공

★ 자

고전역학의 창시자, 아이작 뉴턴

플레이 볼!

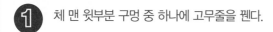

1 체 맨 윗부분 구멍 중 하나에 고무줄을 꿴다.

2 밖으로 튀어나온 쪽에 이쑤시개를 끼워 고정한다.

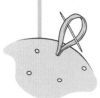

3 체 안쪽으로 튀어나온 고무줄 끝을 잡아
늘려서 체 반대편 구멍으로 꿴 뒤
이쑤시개를 끼워 넣어서 고정한다.
고무줄이 팽팽해야 한다.

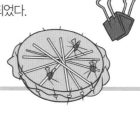

4 이렇게 고무줄 12개를 모두 체에 꿴다.

5 천이나 비닐 조각으로 고무줄을 덮고
집게로 고정시킨다. 트램펄린이 완성되었다.

투미닛 워닝!

실내나 야외 어디서든 진행할 수 있으
나 기물을 파손하지 않도록 주의한다.
물체가 맞지 않도록 더욱 주의한다.

6 준비한 물체를 탁구공, 구슬, 골프공, 테니스공 등
무게(즉, 질량)가 늘어나는 순서대로
약 45cm 위에서
트램펄린으로 떨어뜨린다.

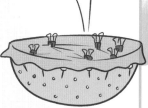

45cm

7 얼마나 높이 튀어 오르는지 확인한다.

슬로모션 리플레이! ▶

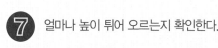

여러 가지 과학 법칙이 적용되는 실험이다. 먼저 뉴턴의 관성의 법칙(물체는
외부 물리력이 작용하지 않는 한 움직이지 않는다)이다. 관성의 법칙에 의해 구
슬과 탁구공은 손에서 쥐고 있을 때는 움직임이 없고 떨어뜨려 중력이 작용
했을 때 움직인다.

다음으로 제2법칙은 떨어지는 물체의 질량과 가속도가 물리력을 결정한다
는 법칙이다. 즉, 무게(질량)가 더 나가는 물체가 트램펄린과 맞부딪힐 때 더
큰 물리력이 생겨난다. 이 충돌이 뉴턴의 제3법칙인 작용과 반작용 법칙(모
든 작용에는 크기가 같고 방향은 반대인 반작용이 있다)으로 이어진다. 트램펄린
의 바운스는 반작용이며, 여기서 탄성충돌이 등장한다.

탄성충돌은 운동에너지를 모두(혹은 거의) 보존한다. 물체가 모래나 진흙에
떨어지면 충돌은 비탄성이 된다. 운동에너지가 전달되지 않았기 때문이다.
그러나 트램펄린에서는 물체가 위로 튀어 올랐다가 반작용의 물리력(중력)에
의해 떨어지고 다시 튀어 오르기를 반복한다. 그렇다면 이러한 과정이 무한
히 반복되어야 하지 않을까? 물리력의 일부가 진동으로 흩어지기도 하고 혹
은 물체가 공중에서 움직일 때 발생하는 마찰로 인해 열로 전환되기 때문에
무한히 반복되지는 않는다.

완벽한 착지의 물리학

체조는 신체 단련과 함께 순간적인 판단력, 예술적 감각, 그리고 커다란 용기가 필요한 운동이다. 플로어에서 연기를 하거나, 평행봉과 링에 매달려 빙글빙글 돌거나, 도마에서 훌쩍 뛰어내릴 때 체조 선수는 끊임없이 마찰과 운동량을 분석해 짧은 찰나 안에 과학적 판단을 내려야

한다. "곧장 회전을 하면 너무 많이 돌게 될까?" "대각선 방향에 공중제비를 세 번 할 만한 공간이 있을까?" "뒤로 공중제비를 두 번 돌 때 다리를 접으면 속력이 너무 빨라질까?" 체조에서 가장 놀라운 기술 중 하나는 다름아닌 착지다. 격렬한 동작을 이어나간 뒤 갑작스럽게 꼼짝 않고 정지하는 기술이다. 어떻게 일순간 정지 상태가 될 수 있을까? 평범한 사람이라면 누구나 비틀거리며 넘어지고 말 것이다.

누구나 꿈꾸는 마무리

운동량을 얻기 위해 너른 체육관을 시속 24km로 달리고 있다고 가정해보자. 발판을 딛고 도움닫기를 해서 양손으로 도마를 짚었다가 두 팔을 용수철처럼 편다. (여기서 적용되는 원리는 트램펄린의 적용방식과 같다. 접었던 팔이 펼쳐지며 더욱 힘을 더한다.) 그리하여 4m 가까이 공중으로 치솟아올라 그 물리력을 이용해 비틀기와 회전을 선보인다. 도마를 한참 지나쳐 마지막 회전으로 도마를 뛰어넘어서 무서운 속도로 플로어에 내려선다. 쿵! 해냈다! 다리는 가지런히 모였고 헛발질도 하지 않았다. 완벽한 착지다. 어젯밤 꾼 꿈의 한 장면이긴 하지만… 오늘은 체육관이 아닌 주방에서 착지를 실험해보자. 과학을 이용해서!

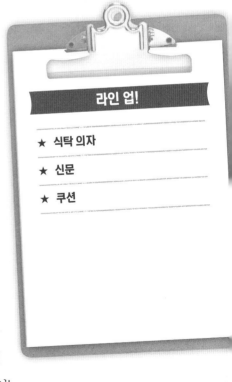

라인 업!

★ 식탁 의자
★ 신문
★ 쿠션

플레이 볼!

1 주방 한가운데 의자를 놓는다. 의자 앞으로 적어도 1.8m의 공간이 있어야 한다.

2 신문지를 의자 앞 바닥에 깐다.

3 의자로부터 60~90cm 떨어진 지점 신문지 위에 쿠션을 올린다.

4 의자에 올라선다.

5 의자에서 점프하여 무릎을 구부리지 않고 쿠션에 착지한다. 최대한 움직이지 않고 한번에 착지하여 그대로 서 있는다.

투 미닛 워닝!

점프하다가 넘어질 수도 있으니 주의한다. 주변에 깨지는 물건이 없는지, 혹시 넘어질 때 부딪혀서 다칠 수 있는 물건은 없는지 확인한다. 의자가 미끄러지지는 않는지, 불안정하지 않은지 확인하는 것 또한 중요하다.

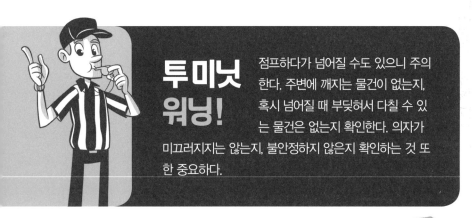

⑥ 무릎을 구부리고 4, 5단계를 반복한다.

⑦ 쿠션을 치우고 4, 5단계를 반복한다(무릎을 구부리고 한 차례, 구부리지 않고 한 차례).

⑧ 4차례 시도 중 가장 성공적인 착지를 가려낸다.

슬로모션 리플레이! ▶▶

착지는 순간력이라 불리는 과학 개념이라 볼 수 있다. 순간력은 운동량의 변화로, 충격력에 충격시간(착지하는 데 걸리는 시간)을 곱한 값이다. 충격력은 체조 선수의 착지를 방해할 수 있다. 점프할 때마다 충격은 동일하므로 충격시간을 늘림으로써 충격력을 줄일 수 있다. 무릎을 구부린 채 푹신한 쿠션 위로 떨어지면 충격력이 줄어든다. 무릎을 구부린 채 푹신한 쿠션 위로 떨어졌을 때 착지가 가장 쉬웠는가? 아니라면 그 이유는 뭘까?

댄서는 근육에도 뇌가 있다?

근육 기억이란 무엇인가? 테니스 선수인 비너스와 세레나 윌리엄스 자매는 소녀 시절 몇 시간씩 계속해서 서브를 연습하며 근육 기억을 발달시켰다고 한다. 농구 선수 스티븐 커리가 자유투를 매번 성공시킬 수 있는 것도 근육 기억 덕분이다. 댄서들은 근육 기억을 통해 정확한 스텝을 밟을 수 있도록 반복하고 또 반복해 연습한다.

기본적으로 근육 기억이란 반복적인 훈련을 통해 많은 생각을 하지 않아도 몸이 알아서 특정 활동을 할 수 있게 되는 상태를 말한다. 자전거도 근육 기억에 의존하는 스포츠다. 자전거 타는 법을 처음 배울 때는 핸들 잡는 법, 페달 밟는 법, 발가락과 발뒤꿈치의 위치까지 일일이 신경을 써야 한다. 하지만 한번 익히고 나면 몸이 기억하기 때문에 넘어지지 않고 자전거를 탈 수 있다.

틀리는 부분을 계속 틀리는 이유

새로운 신체 활동을 시도할 때 우리 뇌는 일련의 복잡한 지침을 흡수해서 각 부위에 정해진 순서대로 전달한다. 예를 들어 볼룸댄스는 여러 가지 동작이 순서대로 연결되어 복잡한 동작 루틴이 완성된다. "왼발을 내밀고, 이어서 오른발. 한 바퀴 돌고, 다시 뒤로. 오른팔을 들었다가 내리고. 다시 들고." 휴~! 이 중 한 가지라도 틀리거나 순서가 바뀌면 전체가 망가진다. 그래서 댄서들은 정해진 루틴을 수없이 반복해 연습하고, 각각 분리하여 한 가지씩 훈련하기도 한다. 그러나 몸이 우리가 원하는 동작만 골라서 기억하지는 않는다는 점이 함정이다. 맞게 했든 틀리게 했든 연습했던 과정 전체를 기억한다. 이번 실험은 이 책에 소개된 실험 중 가장 단순하지만 가장 놀라운 것으로, 근육 기억의 과학적 원리를 단번에 보여준다.

라인 업!

★ 문틀

플레이 볼!

1 손을 양 옆으로 내리고 손바닥은 안쪽을 향한 채 문지방에 선다.

2 팔을 쭉 뻗어서 양 손등을 문틀에 댄다. 팔은 굽히지 않는다.

3 양쪽 손등으로 문틀을 있는 힘껏 민다.

4 30초간 밀기를 지속한다. 시계가 없을 경우 입으로 천천히 30까지 센다.

투 미닛 워닝! 문지방 너비가 좁을수록 팔을 많이 들지 않아도 되므로 더 좋다.

5 잠시 쉬면서 팔을 흔들어준다.

6 팔을 아주 조금 들어본다. 더 이상 들려고 하지 않았는데도 저절로 계속해서 들려 올라올 것이다.

슬로모션 리플레이! ▶▶

어떤 동작이든 지속적으로 반복하면 뇌에서 근육으로 메시지가 계속 전달되는 효과가 발생한다. 뇌는 신경세포를 이용해 근육으로 지침을 내린다. 이러한 "반복을 통한 학습"을 공식 의학 용어로 신경근 촉진이라 한다. 어렵게 들리지만 어렵지 않다. 촉진은 단지 "쉬워지게 만든다"는 의미다.

손등으로 문틀을 민 뒤 팔을 들어올리기가 쉬워졌을 뿐만 아니라 저절로 들리는 느낌이 나지 않았는가? 오히려 안 들기 어려울 정도였을 것이다. 같은 원리로 나쁜 습관(틀린 댄스 스텝, 잘못된 투구 습관, 다리 떨기)은 한번 몸에 익으면 고치기가 힘들다. 또한 그래서 교육과 훈련이 중요한 것이다.

당구공을 멈춰 세우는 적절한 충돌

에잇볼(7개 공을 모두 포켓에 넣은 뒤 마지막으로 검은 색 8번 공을 넣는 당구 경기-옮긴이)로 친구와 맞붙었다고 가정해보자. 사이드 포켓에서 불과 40cm 떨어져 있는 8번 공만 넣으면 승리는 따놓은 당상이다. 그런데… 큐볼과 8번 공, 포켓이 일직선 상에 있어서 큐볼까지 8번 공을 따라 포켓으로 들어가버리면 질 수도 있다. 돌파구가 없을까? 잠깐만! 공이 다

른 공과 맞부딪히면 바로 제자리에 멈춰 서게 된다는 글이 바로 이 책 앞부분에 나오지 않았던가? 탄성충돌이니, 영국 물리학자 뉴턴이니 했던 것 같은데….

충돌의 예술

운동량(물체의 질량과 운동의 조합)으로 스포츠에서 벌어지는 많은 현상을 설명할 수 있다. 여기서는 당구공 2개가 충돌할 때 운동량과 운동에너지에 발생하는 현상을 다룬다. 큐대로 큐볼의 중앙보다 살짝 밑부분을 가볍게 치면 8번 공을 향해 굴러간다기보다 미끄러져간다. 그렇게 충돌하면 큐볼의 운동량과 운동에너지는 8번 공에 전이되고 큐볼은 멈춰 선다. 두 물체가 충돌할 때 둘 중 하나 또는 양쪽 모두의 운동량과 에너지가 보존되는 탄성충돌의 좋은 예다. 큐볼의 윗부분을 칠 경우 미끄러지지 않고 굴러서 8번 공과 충돌하고, 충돌 후에도 회전력이 남아 계속 굴러가게 된다. 물론 당구대에서 직접 공을 쳐보면 가장 좋겠지만 당구대가 없거나 담배 연기 자욱한 당구장에 가고 싶지 않다면 그 물리적 원리는 다른 방법으로 얼마든지 확인할 수 있다.

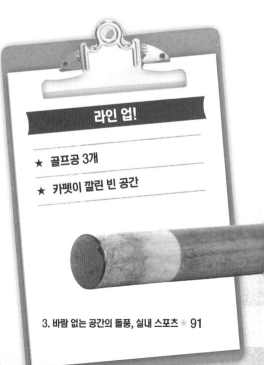

라인 업!

★ 골프공 3개

★ 카펫이 깔린 빈 공간

플레이 볼!

1 골프공 A와 B를 서로 마주 닿도록 나란히 놓는다.

2 골프공 C를 B에서 약 40cm
떨어진 지점에 놓는다
(공 3개가 모두 나란해야 한다).

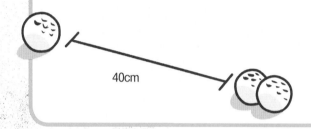

40cm

투 미닛
워닝!

골프공은 워낙 잘 구르고 또 단단하기
때문에 속력을 지나치게 높이지 않도
록 주의한다. 그렇지 않으면 기물을 파
손할 수 있다. 속력을 조금씩 높이면서
여러 차례 실험을 진행한다.

③ C를 힘껏 굴려서 B를 맞힌다.

④ C와 B는 그 자리에 멈추고 A가 굴러나갈 것이다.

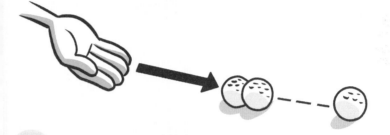

슬로모션 리플레이! ▶▶

큐볼의 예를 이 실험에서 공을 하나 더함으로써 한 단계 더 끌어올렸다. 하지만 이 실험은 여전히 운동량 보존 법칙에 의존하고 있다. 첫 번째 공의 운동량이 먼저 두 번째 공으로, 그리고 세 번째 공으로 전해진 것이다. 뉴턴의 요람 혹은 탄성충돌구라 불리는 교구를 통해 이 실험과 똑같은 효과를 눈으로 확인할 수 있다. 뉴턴의 요람은 서로 맞닿은 금속공 5개가 각각 가는 철사로 틀에 매달려 있다. 그중 가장 바깥쪽 공을 살짝 들었다가 놓으면 바로 옆 공에 가서 맞으면서 중간 공 3개는 움직이지 않고 가장 바깥쪽 공 2개만 진자운동을 시작한다. 이 진자운동은 무한 반복될 수 있을까? 에너지 일부가 마찰과 소음으로 전이되기 때문에 운동에너지가 매번 줄어들어 무한 반복되지는 않는다.

Chapter 4

설원과 빙판을 과학으로 장악하는 동계 스포츠

기 온이 영하로 내려가면 사람들이 슬슬 특이한 스포츠를 즐기기 시작한다. 스키를 신고 오르막을 오르거나 눈 위를 걷는 크로스컨트리 스키가 좋은 예다.

잘 알려진 것도 많지만 처음 고안한 사람은 차가운 공기에 살짝 정신이 나갔던 것이 아닐까 생각되는 스포츠 종목이 몇 가지 있다. 분명 마법이 작용할 것만 같은데 자세히 들여다보면 그 이면에 자리잡고 있는 과학원리가 보이기 시작한다. 아이스하키 선수는 경기장 펜스를 동료선수처럼 활용하고, 피겨스케이트 선수는 전광석화 같은 속도로 회전하며, 스키점프 선수는 푸른 하늘을 향해 솟아올라 엄청난 고도에서 터럭 하나 다치지 않고 착지한다. 이들을 한데 묶어주는 공통점은? 다름아닌 과학이다. 겨울에만 맛볼 수 있는 경이로운 세계를 해부해보자.

아이스하키의 숨겨진 선수

링크를 둘러싼 1m가량 되는 높이의 펜스가 아이스하키 경기에 스릴을 더해주는 핵심 요소다. 미식축구, 축구, 야구 등 공이 경계선 밖으로 나가면 경기가 중단되는 종목과 달리 아이스하키는 펜스 덕에 퍽이 링크를 벗어나지 않기에 중단 없이 경기가 진행된다. 펜스는 선수들이 전

속력으로 달려와 충돌하거나 상대방을 보디체크할 때마다 쓰러질 듯 흔들리고, 퍽이 엄청난 속도로 날아와 부딪히는 통에 늘 검은 자국으로 가득하다. 펜스는 "제6의 선수"라고 불리기도 한다. 아이스하키 선수들이 상대편 수비가 조여들 때 퍽을 멀리 튕겨내거나 아군에게 패스하기 위해 펜스의 반동을 이용하기 때문이다.

빛으로 퍽을 대신하는 눈부신 손전등 하키

아이스하키 선수들의 "펜스 플레이"를 이해하기 위해 갑옷 같은 장비를 직접 착용하고 아이스링크에 내려갈 필요는 없다. 어두운 방과 친구 둘, 그리고 손전등만 있으면 된다. 친구 중 하나는 팀 동료이고, 경기 종료까지 몇 초 남지 않아 반드시 골을 넣어야 하는 상황이다. 팀 동료인 친구에게 퍽을 패스해야 하는데 (여기서는 손전등 불빛으로 친구를 비춘다), 상대편 선수인 다른 친구가 막아선다. 상대편 선수는 불빛이 동료에게 가닿을 수 없도록 어떻게든 막으려 한다. 패스 각도가 나올 수 없도록 거리를 좁혀오는데, 경기 종료 카운트다운은 시작됐다. 돌파구가 필요하다!

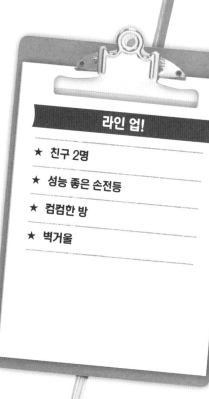

라인 업!

★ 친구 2명

★ 성능 좋은 손전등

★ 컴컴한 방

★ 벽거울

플레이 볼!

1 친구 하나는 팀 동료, 나머지 하나는 상대편 선수로 지정한다.

2 팀 동료에게 방 한구석에 서 있으라고 한 뒤 대각선 반대 방향 구석으로 손전등을 들고 가서 선다. 벽거울은 친구와 나 사이 긴 벽면에 걸려 있어야 한다.

3 상대편 선수는 친구와 나 사이에 서되 나와 더 가까워야 한다.

4 동료에게 손전등을 비춤으로써 패스를 완성하게 될 것이며 상대편 선수는 동료에게 손전등 빛이 닿지 않도록 막아야 한다.

투미닛 워닝! 타이머로 경기 종료 시간까지 계산하면서 제대로 경기를 펼쳐보자. 단, 어두운 방에서 허우적거리다 거울 가까이 가지 않도록 조심한다. 하키와 기하학에 대해 배우려는 것이지 거울을 깨려는 것은 아니니까.

⑤ 경기를 시작한다. 상대편 선수는 손전등 빛을 블로킹해야 한다.

⑥ 손전등으로 동료 대신 거울을 비춘다.
그러면 거울에 빛이 반사되어 동료에게 닿을 것이다.

슬로모션 리플레이! ▶

이 실험을 통해 기하학으로 상대편 선수를 따돌리는 법을 터득했다. 실제 링크에서 퍽이 펜스에 맞아 튀는 원리는 빛이 거울에 반사되는 원리와 같다. 빛이 거울에 반사되면서 형성되는 각도를 입사각이라 한다. 수학 이론에 의거하여 입사각은 반사각과 동일하다. 당구에서 큐볼을 당구대 벽에 튕길 때도 이 원리가 활용된다.

아이스하키 채는 왜 휘어 있을까?

1940~50년대 북미아이스하키리그(NHL) 영상이나 사진을 보면 아이스하키가 지난 수십 년간 어떤 변화를 거쳤는지 알 수 있다. 일단 당시의 골키퍼는 마스크를 착용하지 않았다(절대 따라하지 마라). 아이스하키

채도 두드러진 변화를 보인다. 아이스하키 선수들은 수십 년간 전혀 휘지 않은 직선 채를 사용했다. 1960년대 영상을 보면 비로소 곡선이 들어간 채가 등장하는데, 이번에는 또 너무 많이 휘어서 낚시바늘처럼 보일 정도였다. 결국 NHL은 규정을 만들어 아이스하키 채의 굴곡에 제한을 두게 됐다. 그래도 현재 사용되는 아이스하키 채에는 대부분 어느 정도 곡선이 들어가 있다. 골키퍼의 채도 마찬가지다. 이유가 뭘까?

곡선 채와 퍽의 회전력

1960년대 중반까지 NHL의 최다 득점 선수는 한 시즌에 보통 30~50 골을 기록했다. 그런데 곡선 채가 나온 뒤 이 수치는 60~80골로 껑충 뛰었다. 곡선은 1950년대 보편화된 슬랩슛(스틱을 조금 흔들어 퍽을 강하게 치는 슛-옮긴이)을 시도할 때 퍽을 정교하게 통제할 수 있도록 도와준다. 정확성을 위한 리스트슛(백스윙 없이 손목을 앞쪽으로 움직여 가볍게 퍽을 치는 빠른 슛-옮긴이)도 더욱 세밀해졌다. 채가 휘어 있으면 퍽에 더 많은 회전을 주어 자이로스코프 같은 기능을 하게 만든다(이 부분은 나중에 더 자세히 다루기로 한다). 다음 실험을 통해 자이로스코프 기능이 어떻게 퍽의 안정적인 회전을 가능케 하는지 확인할 수 있다.

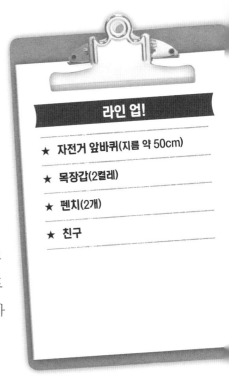

라인 업!

★ 자전거 앞바퀴(지름 약 50cm)

★ 목장갑(2켤레)

★ 펜치(2개)

★ 친구

플레이 볼!

1 차축이 양쪽으로 2.5cm 가량 튀어나온 바퀴를 고른다.

2 목장갑을 끼고 펜치를 이용해 튀어나온 차축의 하나를 집는다.

3 펜치로 차축을 집은 상태에서 차축 반대편 끝도 펜치로 집는다.

4 실험을 원활히 진행하려면 바퀴를 수직으로 세워놓는 편이 좋다. 펜치를 고정시킨 상태로 바퀴를 세운다.

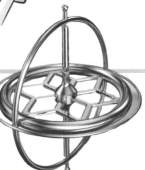

자이로스코프: 팽이의 원리를 이용해 방향성을 측정하는 기구로 선박, 항공기 등에 활용된다.

투 미닛 워닝!

바퀴살 사이에 손가락이 끼지 않도록 장갑을 반드시 착용한다. 친구도 바퀴를 계속 회전시킬 때 손가락을 다칠 수 있으므로 장갑을 착용해야 한다. 긴 머리카락도 낄 수 있으니 유의하자. 이 실험은 반드시 야외에서 진행하자!

⑤ 펜치를 손잡이 삼아
바퀴를 단단히 잡고 친구에게
회전시켜달라고 부탁한다.

⑥ 계속해서 회전시켜서 속력을 높인다.

⑦ 한 발자국 뒤로 물러나서 돌아가고 있는 바퀴를 수평으로 눕히려고
해보자. 잘 되지 않을 것이다.

⑧ 일단 수직으로 세운 상태에서
회전시킨 바퀴의 방향을
바꾸기는 매우 힘들 것이다.

슬로모션 리플레이! ▶▷

회전이 시작되면 바퀴는 자이로스코프와 같은 역할을 한다. 자이로스코프는
제자리에서 계속 회전을 하기 위해 각운동량을 활용하는 장치다. 자이로스
코프를 통해 곡선 채가 하키 슛에 미치는 영향을 알아볼 수 있다. 퍽이 채에
닿으면 곡선면이 퍽에 회전을 주게 되고 퍽이 채의 안쪽 곡선을 따라 구르면
서 회전이 상승한다.

회전하는 퍽은 공중을 날 때도 얼음판과 평행을 유지한다. 이렇게 평행을 유
지하며 날게 되면 공기의 저항을 받는 면이 최소화된다. 그러면 당연히 속력
을 낮추는 공기 마찰이 줄어든다. 그래서 퍽은 가능한 최대 속력을 유지하며
원래 방향대로 날아갈 수 있다.

왜 얼음 위에서 스케이트를 탈 수 있을까?

겨울에는 스케이트를 탈 수 있어 좋다. 빙판에 발을 내딛자마자 부드럽게 미끄러지는 느낌은 그 무엇과도 비교할 수가 없다. 그런데 어떻게

얼음 위에서 미끄러지듯 움직이고 놀라운 속도로 나아갈 수 있는 것일까? 열쇠는 얼음 표면의 얇은 수막에 있다. 얼음이 아니라 얼음을 얇게 덮고 있는 물이 미끄러운 것이다. 스케이트는 대개 기온이 영하로 내려갔을 때 타게 되는데, 도대체 무엇이 얼음을 녹여 윤활유 같은 이 수막을 만들어내는 것일까?

압력을 받은 얼음

이번 실험은 스케이팅 관련 과학을 탐구하기에 이상적이다. 스케이팅은 결국 얇은 쇠로 얼음 표면을 누르며 앞으로 나아가는 운동인데 이실험에서 두 병의 무게가 철사를 아래로 끌어당기면 스케이트 날이 얼음에 가하는 바로 그 압력이 발생한다. 이 압력이 얼음에 어떤 작용을 하는지, 압력을 제거하면 어떤 상황이 발생하는지 관찰해보자.

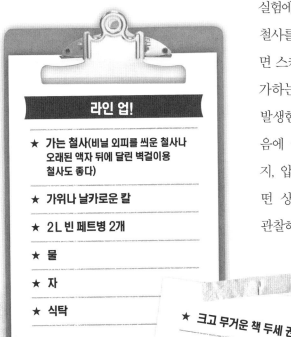

라인 업!

★ 가는 철사(비닐 외피를 씌운 철사나 오래된 액자 뒤에 달린 벽걸이용 철사도 좋다)

★ 가위나 날카로운 칼

★ 2L 빈 페트병 2개

★ 물

★ 자

★ 식탁

★ 크고 무거운 책 두세 권(사전 등)

★ 키친타월 한두 장

★ 얼음

플레이 볼!

1 약 50cm 길이로 철사를 자른다(비닐 외피가 덮인 철사는 외피를 벗겨야 한다).

2 페트병 2개에 물을 가득 담고 뚜껑을 돌려 막는다.

3 철사 한쪽 끝을 병 1개의 목에 감고 단단히 묶는다.

4 철사 나머지 끝을 남은 병의 목에 감고 단단히 묶는다.

5 자를 식탁에 올린다. 끝부분이 모서리 밖으로 5cm 정도 나와야 한다.

6 무거운 책을 자가 식탁 위에 놓인 쪽에 올려 움직이지 않게 한다.

5cm

7 키친타월 한 장을 반으로 잘라 긴 쪽으로 4번 접어서 대략 자가 튀어나온 부분의 크기로 만든다.

투 미닛 워닝! 매달아놓은 페트병이 바닥에 닿지 않도록 충분한 공간을 확보한다. 철사를 자르다 베이지 않도록 안전한 도구를 사용한다.

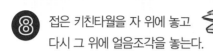

⑧ 접은 키친타월을 자 위에 놓고
다시 그 위에 얼음조각을 놓는다.

⑨ 병 2개를 들어서 천천히
얼음조각 양 옆으로 내린다. 즉, 병 2개를
잇고 있는 철사가 얼음조각 중앙을 가로질러야 한다.

⑩ 병을 천천히 내려서 가만히 매달려 있게 만든다.
철사의 압력이 얼음을 녹여서
철사가 얼음을 파고 들어가게 된다.

⑪ 30초가량 기다렸다가 얼음을 관찰한다.
얼음의 표면이 패이지 않고
편평한 상태를 되찾았을 것이다.

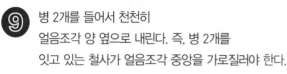

슬로모션 리플레이! ▶▶

앞서 말했듯 스케이트를 탈 때는 얼음이 아니라 얼음을 얇게 덮은 물 위를 미끄러지게 된다. 사실상 수상스키와 같다고 할 수 있다. 얼음이 이러한 수막을 형성하는 원인 및 방식과 관련해서는 의견이 갈린다. 어떤 이들은 스케이트가 얼음을 지치면서 마찰이 생기고 이로 인한 열로 인해 얼음이 녹는다고 주장한다. 그러나 이 실험에서 알 수 있듯, 압력도 녹는 현상을 발생시킬 수 있다. 철사가 얼음을 썰면서 파고들었다고는 볼 수 없다(얼음을 썰면 마찰과 열에 의해 녹는다). 그저 페트병 무게로 인해 얼음을 내리눌렀을 뿐이다. 철사(혹은 스케이트)의 압력이 얼음 일부를 녹여서 스케이팅하기에 좋은 미끄러운 표면을 만들어낸 것이다. 그런데 철사가 압력을 이용해 얼음을 녹여 파고 들어간 뒤 얼음이 다시 얼면서 애초 모양을 회복한 현상은 어떻게 설명할 수 있을까? 얼음의 온도가 워낙 낮아서 철사가 치워지자 곧 다시 언 것이다.

피겨스케이트 선수들과 초고속 회전의 비밀

동계올림픽 여자 피겨스케이팅 경기 중에서도 프리스케이팅 경기는 불과 4분 동안 속도, 균형, 기술에 발레리나의 우아함을 더한 동작을

선보여야 하는 종목이다. 선수는 쉴 새 없이 고난도의 점프, 트위스트와 턴을 반복하지만 관중의 환호를 가장 많이 받는 동작은 스핀이다. 종종 멋진 점프와 루프를 여러 차례 반복한 뒤 스핀에 나서는데, 갈수록 원의 크기는 작아지고 속력은 빨라지다가 결국에는 제자리에서 소용돌이처럼 돌곤 한다. 우아한 동작에서 팽이 같은 회전으로 어떻게 그리 빠르게, 손쉽게 전환할 수 있을까?

의자 위의 스핀 요정

실제 빙판에서 스핀을 해내려면 몇 년은 걸릴 테지만, 그 답은 놀라울 정도로 간단하다. 그냥 의자에 앉은 채로도 스핀의 이면에 있는 과학을 구현할 수 있다. 회전하는 물체의 운동량을 뜻하는 각운동량만 이해하면 된다. 실험을 위해 회전할 때 부딪히지 않도록 주위 물건을 미리 치워놓도록 한다. 마룻바닥보다 카펫 위에서 해야 더 효과적이다.

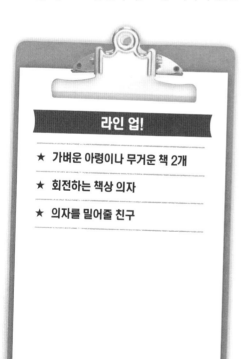

라인 업!

★ 가벼운 아령이나 무거운 책 2개

★ 회전하는 책상 의자

★ 의자를 밀어줄 친구

플레이 볼!

1 아령이나 책을 한 손에 하나씩 잡고 의자에 앉는다.

2 팔을 양 옆으로 쭉 뻗어서 회전에 필요한 공간이
충분히 확보되었는지 확인한다.

3 팔을 뻗은 상태로 친구에게 의자를 돌려달라고 부탁한다.
회전 속력이 어느 정도 올라가면(물론 의자에 안정적으로 앉아
있어야 한다), 아령이나 책을 가슴 쪽으로 서서히 끌어모은다.

4 아령이나 책이 가슴 쪽으로 가까워질수록 속력이 높아짐을
느낄 수 있을 것이다.

**투미닛
워닝!**

안전한 실험이지만 바퀴가 의자에 단
단히 달려 있는지 미리 확인해두도록
하자. 회전과 각운동량을 다루는 실험
이지 의자와 다른 사물 사이 충돌력을
알아보는 실험이 아니니까!

슬로모션 리플레이! ▶

방금 각운동량의 작용을 실험해보았다. 아령이나 책은 맨 처음 의자를 돌리기 위해 힘을 준 덕분에 운동량을 얻게 된다. 의자가 회전을 시작하자마자 이 물건들을 곧바로 놓아버리면 운동량으로 인해 직선으로 날아간다. 그러나 손으로 잡고 있었기 때문에 움직임이 원형을 이루게 된 것이다. 피겨스케이트 선수의 스핀에서처럼 팔을 접으면 그 원형의 크기가 더 작아지게 된다. 크기는 작아지는데 운동량은 같으니 속도가 빨라진다. (부엌 싱크대에서 물이 내려갈 때 수채구멍에 가까워질수록 내려가는 속도가 빨라지는 현상을 본 적이 있을 것이다.) 다음에 스케이트장에 가면 팔을 접고 회전하기를 꼭 시도해보자.

스키점프 선수들이 추락하지 않는 이유는?

폴도 없이 스키만 달랑 신고 눈 덮인 가파른 언덕을 질주해 내려와서 허공을 가르며 150m나 날아가는 상상을 해본 적이 있는가? 미친 짓 같지만 스키점프 선수들이 날마다 하는 일이다. 선수들은 점프를 할 때

마다 과학에 의지해 정반대라고 할 수 있는 두 가지 행위를 연달아 실행한다.

첫째, 스키점프 선수들은 램프를 내려올 때 속력을 높이려고 몸을 유선형으로 만들어 공기 저항을 줄인다. 둘째, 이륙 후에는 체공 시간을 늘리고 착지 때 속도가 줄어들도록 몸을 좍 펴서 공기 저항을 키운다.

받음각과 양력

2부로 구성된 이 실험으로 스키점프 선수들이 어떻게 허공에 뜨고 또 착지하는지 알아볼 수 있다. 첫 번째 실험은 비행기 날개(또는 스키점프 선수)처럼 움직이는 평평한 물체와 기류가 이루는 각도, 즉 받음각에 대한 이해를 돕는다. 받음각이 커질수록 비행의 기본 원리 중 하나인 양력도 증가한다. 두 번째 실험은 비행의 또 하나의 요소인 항력을 다룬다. 항력은 날아가는 물체의 전진 운동을 공기가 방해해 그 속도를 늦추는 물리력을 말하는데, 스키점프 선수들이 안전하게 착지하기 위해 이를 이용한다. 인류가 항력과 양력을 이해해 비행기를 처음 만들기까지 수천 년이 걸렸다. 이 실험에서는 5초 만에 배울 수 있다.

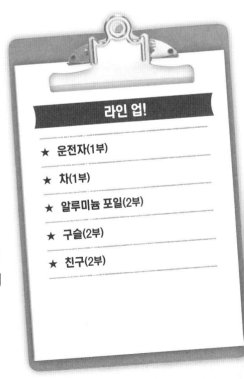

라인 업!

★ 운전자(1부)

★ 차(1부)

★ 알루미늄 포일(2부)

★ 구슬(2부)

★ 친구(2부)

플레이 볼!

1부

1 차가 천천히 달려도 안전한 곳으로 간다.
실험자는 창가측 좌석에 앉는다.

2 창문을 완전히 내린다.

3 손가락을 붙이고 손을 쫙 편다.

4 손바닥을 아래로 향하고 창문 밖으로 손을 내민다. 팔꿈치는 90도로 꺾는다(손바닥은 도로와 평행을 이루어야 한다).

5 팔은 그대로 두고 손목만 움직여서 손끝이 위를 향하도록 한다.

6 바람이 손 전체를 밀어내면서 팔을 위로 밀어 올리는 듯한 느낌이 들 것이다.

투 미닛 워닝!

1부 실험에서 창문 밖으로 손을 내미는 행위는 자칫 다른 운전자의 집중을 방해하고 시야를 가릴 수 있으므로 주의해야 한다. 또한 차가 천천히 달려야 성공할 수 있는 실험이므로 적합한 장소와 시간대를 잘 선별하도록 한다.

2부

① 알루미늄 포일을 정사각형으로 뜯어낸다.

② 포일을 수평으로 들고 친구에게는 구슬을
수평으로 들어달라고 부탁한다.

③ 셋까지 센 뒤 한꺼번에
떨어뜨린다.

④ 포일을 뭉쳐서 공처럼
만든 뒤 2, 3단계를
반복한다.

슬로모션 리플레이! ▶▶

실험 1부에서는 받음각에 대해 알아보았다. 바람이 손을 위로 밀어 올리지 않았는가? 뉴턴의 작용과 반작용 법칙에 따르면 "모든 작용에는 크기가 같고 방향은 반대인 반작용이 있다." 그래서 손이 위로 밀려 올라간 것이다. 스키점프 선수들도 마찬가지다. 램프를 활강할 때는 속력을 한껏 높이지만 점프를 한 뒤에는 바람을 활용하기 위해 자세를 바꾼다. 일단 공중으로 뜨고 나면 몸을 직선으로 곧추세워 스키와 함께 V자를 만든다. 그러면 받음각에 의해 양력이 생겨난다. 각도가 급격할수록 양력도 더 커진다. 양력이 충분해야 허공에 떠 있을 수 있지만 지나치면 속력이 줄어든다. 항력도 제동을 걸 수 있다. 실험 2부에서는 알루미늄 포일을 활짝 펼쳐 놓았을 때와 공처럼 뭉쳐 놓았을 때 질량은 같으나 떨어지는 속력이 달라진다는 사실을 알 수 있다. 스키점프 선수들은 램프에서 속력을 유지하기 위해 몸을 그야말로 공처럼 동그랗게 뭉쳤다가 착지할 때는 활짝 편다.

초고속 활강의 비결은
바로 "달걀"에 있었다

스키 선수들은 월드컵 활강코스를 시속 144km로 내려올 때 무슨 생각을 할까? "거의 다 왔나?" "방금 기문을 하나 놓치지는 않았나?" "지금 방향을 왼쪽으로 틀어야 하나 오른쪽으로 틀어야 하나?" 선수들은 코스를 미리 연구해 놓기 때문에 이런 질문들의 답은 이미 알고 있

다. 안전이 제일인 사람들은 경악하겠지만, 선수들의 관심사는 오직 하나다. "어떻게 해야 더 빨리 갈 수 있을까?" 월드컵이든 동계올림픽이든 활강의 생명은 속력이니까. 수백 분의 1초 차이로 1등과 2등이 갈리는 만큼 스키 선수들은 조금이라도 더 빨리 질주하기 위해 독특한 자세를 취한다. 1960년대부터 계속 사용된 이 자세가 바로 "달걀(Egg)"이다!

매끈한 달걀처럼 바람을 가르다

남녀 스키 활강 선수들에게 가장 큰 과제는 속력을 높이고 유지하는 것이다. 자동차 경주부터 마라톤에 이르기까지 속도를 높이는데 공통의 장애물은 공기의 저항이다. 항력이라고 부르는 이 저항은 마찰의 일종인데, 이를 줄여서 속력을 높이려면 공기와 맞닿는 면적을 최소화해야 한다(로켓의 뾰족한 끝을 떠올려보라). 1950년대 말 프랑스의 활강 스키 선수 장 뷔아르네가 "달걀"이라고 명명된 유선형 자세를 고안해냈다. 그는 머리가 등보다 낮아지도록 상체를 잔뜩 구부리고 팔꿈치를 몸에 밀착시켰다. 공기의 입장에서 볼 때 막아서야 할 타깃이 아주 작아진 것이다. 이후 이는 활강의 기본 자세가 됐다. 다음 실험을 통해 그 이유를 알아보자.

라인 업!

★ 나무판자(2.5cm x 15cm x 90~120cm) 비슷한 크기면 된다.

★ 친구

★ 키친타월

★ 헤어드라이어

① 판자를 소파나
의자에 30도 각도로
기대어 놓는다.
아주 정확하지는
않아도 된다.

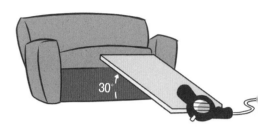

② 친구에게 키친타월 한 장을 느슨하게 말아서
오렌지 크기로 만들어 달라고 부탁한다.

③ 헤어드라이어를 비스듬히 기대어 놓은
판자 아랫부분에 위를 향하도록 놓는다.

**투미닛
워닝!**

방치된 헤어드라이어는 작게는 망가진
가구의 원인이고 크게는 화재나 화상
의 원인이 된다. 약한 강도라도 몸 가
까이에서 오래 틀어놓지 않도록 한다

④ 친구에게 공을 판자 꼭대기 위로 잡고 있으라고 부탁한다.

⑤ 헤어드라이어를 가장 약한 단계로 켜고
친구에게 공을 놓으라고 한다.
판자 발치에 닿기까지 얼마나 걸리는지 측정한다.

⑥ 친구에게 이번에는 키친타월을
조금 더 단단히 감아서 골프공 크기로
만들어 달라고 부탁한다.

⑦ 3~5단계를 되풀이한다.

⑧ 판자 각도를 조정하고 새로운 키친타월 공을 감아서
실험을 몇 차례 계속한다. 각도를 조정할 때마다
크기가 다른 새 공을 이용한다.

슬로모션 리플레이! ▶▶

스키 선수가 똑바로 서 있든 동그랗게 몸을 말고 있든 질량은 같다. 그러나
자세에 따라 속력은 크게 달라진다. 방향을 틀 때 몸을 너무 곧추세우고 있
으면 1초 차이로 메달을 잃게 될 수도 있다. 따라서 질주할 때 최대한 몸을
말고 그 자세를 가능한 오래 유지해야 한다. 이 실험이 그 중요성을 아주 간
단한 방법으로 보여준다. 키친타월의 질량은 매번 같지만 단단히 감았을 때
와 느슨하게 감았을 때 속력이 달라진다.

| 종목 | 다운힐 스키 | 소요시간 | 30분 |

스키는 왜 비싼가?

스키장에 한두 번 놀러가고 초급자 코스를 벗어나고 나면 이제 슬슬 나만의 스키가 갖고 싶어진다. 그런데 막상 인터넷이며 스포츠용품점에서 스키 가격을 확인해보면 입이 떡 벌어질 것이다. 스키를 본격적으로 타려면 부업이라도 해야 할 지경이다. 스키를 대여하는 사람이 많은 데는 이유가 있다. 언뜻 보기에는 넓적하고 긴 쇠막대 두 개에 지나지 않는 스키에 어떤 과학 원리가 숨어 있기에 그토록 비싼 것일까?

쇠막대는 그냥 쇠막대가 아니다

스키 플레이트는 여러 겹으로 구성되어 있다. 엔지니어들은 스키 플레이트의 각 층이 더 강하고 더 가볍고 더 유연해지도록 끊임없이 새로운 재료와 기술을 연구한다. 길이 방향으로 유연성이 좋아서 전속력 직활강이 가능하고, 폭 방향으로는 얼음 조각 위에서도 컨트롤을 유지할 수 있도록 단단해야 이상적인 플레이트라 할 수 있다. 스키 플레이트는 이 두 가지 필요성을 함께 충족시키기 위해 여러 겹으로 만들며, 그래서 어마어마한 가격표가 붙는다.

로고가 붙어 있는 가장 바깥층은 톱 시트와 베이스 시트로 구성돼 있다. 보호막 역할을 하는 얇고 견고한 톱 시트는 유리섬유, 나일론, 나무 중 하나로 이루어져 있거나 또는 이 세 가지를 섞어서 만든다. 베이스 시트는 내부를 보호하기 위해 폴리에틸렌 플라스틱을 주로 사용한다. 그 다음 층은 두 가지 역할을 한다. 스키 플레이트가 비틀어지지 않게 강도를 유지하고, 샌드위치처럼 위와 아래에서 중심부를 감싸서 보호한다. 유리섬유를 주재료로 사용하지만 때때로 탄소섬유, 티타늄, 케블러 등으로 만든 레이어가 각각 다른 효과를 내기 위해 추가로 적용되기도 한다. 끝으로 스키 플레이트의 중심부, 즉 핵심에는 강도를 높이기 위해 튼튼한 나무를 길게 켜서 이어 붙여 만든 합판이

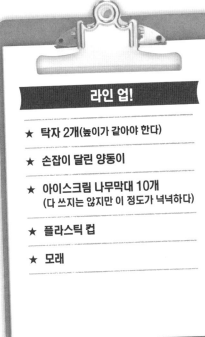

라인 업!

★ 탁자 2개(높이가 같아야 한다)

★ 손잡이 달린 양동이

★ 아이스크림 나무막대 10개
  (다 쓰지는 않지만 이 정도가 넉넉하다)

★ 플라스틱 컵

★ 모래

사용된다. 이 방식은 오래 전이나 지금이나 크게 달라지지 않았다. 첨단 재료는 아닐지라도 스키 플레이트의 유연성은 이 합판에서 나온다. 다

플레이 볼!

1 탁자 2개를 약 5cm 간격을 두고 나란히 놓는다.

2 양동이를 탁자 밑으로 넣은 뒤 들어 올려 손잡이를 양 탁자 사이 틈으로 뺀다.

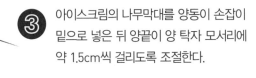

3 아이스크림의 나무막대를 양동이 손잡이 밑으로 넣은 뒤 양끝이 양 탁자 모서리에 약 1.5cm씩 걸리도록 조절한다.

4 양동이에서 손을 떼면 나무막대에 대롱대롱 매달리게 될 것이다.

5 양동이에 모래 한 컵을 천천히 붓고 나무막대를 관찰한다.

투미닛 워닝!

나무막대가 부러지면 양동이 속 모래가 쏟아질 수 있으니 야외나 청소하기 쉬운 곳에서 실험을 진행하도록 하자.

음 실험을 통해 합판을 사용하면 유연성뿐 아니라 강도도 개선된다는 사실을 확인해보자.

⑥ 나무막대가 부러질 때까지 모래를 계속 붓는다. 모래 몇 컵을 부었을 때 부러졌는지 확인한다.

⑦ 양동이 속 모래를 비우고 이번에는 나무막대 2개를 나란히 손잡이 밑으로 넣어 2~6단계를 되풀이한다.

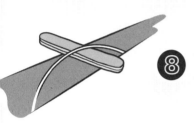

⑧ 양동이 속 모래를 비우고 이번에는 나무막대 2개를 서로 겹쳐서 손잡이 밑으로 넣어 2~6단계를 되풀이한다.

슬로모션 리플레이! ▶

실제 기술자들은 물론 탁자와 양동이보다 훨씬 과학적인 첨단 장비를 이용하겠지만 실험의 원리는 같다. 오랜 세월 반복된 테스트를 통해 길게 켜서 이어 붙인 나무합판이 스키 중심부에 가장 이상적인 재료임이 입증되었다. 각종 테스트를 통해 나뭇조각을 이어 붙이는 방식, 유연성과 강도 사이 이상적 균형이 발견되었다.

이 실험에서도 나무막대 2개를 나란히 놓았을 때 유연성은 유지하면서 강도가 증가한다는 사실을 알 수 있었다. 나무막대 2개를 겹쳐 놓았을 때는 강도는 더 개선되었지만 유연성이 줄어들었다. 스키 제조업체들은 여기서 한 발자국 더 나아간다. 나무 합판을 만들 때 여러 수종을 섞어 쓰는 것이다. 나무도 종류에 따라 유연성이 뛰어나기도 하고 강도가 높기도 하다. 따라서 여러 가지 나무를 섞어 쓰면 각각의 장점을 모두 취할 수 있다.

스키 신고 등산하기

크로스컨트리 스키는 더블 다이아몬드 활강 코스를 달려 내려올 때 느낄 수 있는 죽음에 가까이 가는 듯한 긴장감을 조성하지는 못한다. 하지만 일단 스키화를 조이고 스키를 신은 뒤 문을 열고나서면 이 스포츠의 매력을 깨닫게 된다. 숲길을 탐험하며 느끼는 자유 외에 크로스컨트리 스키의 최대 장점 중 하나는 오르막 스키를 탈 수 있다는 사실이다. 마치 물리적 법칙을 거스르는 것 같다. 어떻게 된 일일까?

크로스컨트리 스키의 오묘한 곡선

크로스컨트리 스키는 온갖 형태로 나타날 수 있다. 내리막길, 평지, 심지어 오르막길까지 모두 다닐 수 있다. 비결은 곡선 디자인에 있다. 크로스컨트리 스키를 바닥에 내려놓으면 앞뒤로 끝 부분만 바닥에 닿고 완만한 경사로 솟아 있으며 스키화를 끼우는 바인딩이 있는 중앙 부분에서 정점을 이룬다. 내리막길에서는 체중이 앞으로 쏠리기 때문에 바인딩 부분에 미치는 하중이 그리 크지 않다. 스키의 곡선이 그대로 유지되어 바인딩 부분 밑바닥의 끈적한 왁스나 천이 눈에 닿지 않는다. 한편 평지에서는 한 발로 눈을 딛고 서서 나머지 발을 앞으로 미끄러뜨리며 전진한다. 이 때 눈을 딛고 선 발의 스키 플레이트는 바인딩 부분에 미치는 하중 때문에 곡선이 사라져 평평해지면서 정지 마찰력을 제공하지만, 앞으로 미끄러지는 발의 스키는 곡선이 살아나 바인딩 부분 밑바닥의 끈적한 부위가 눈에서 떨어진다. 오르막길에서도 비슷하다. 정지 마찰력이 더 필요해서 눈을 딛는 발을 더 세게 눌러야 한다는 차이가 있을 뿐이다. 이번 실험에서는 이 같은 작동 원리를 정확히 알아보자.

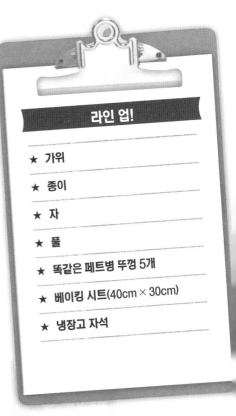

라인 업!

★ 가위

★ 종이

★ 자

★ 풀

★ 똑같은 페트병 뚜껑 5개

★ 베이킹 시트(40cm × 30cm)

★ 냉장고 자석

플레이 볼!

1 종이를 20cm x 7cm 크기로 길게 두 조각 잘라낸다.

2 페트병 뚜껑 5개의 가장자리마다 풀을 바른다.

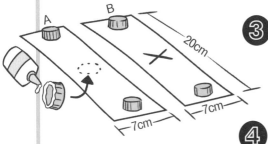

3 풀 바른 뚜껑을 하나씩 종잇조각 A의 양 모서리에 중앙 정렬하여 붙인다.

4 종잇조각 B에도 똑같이 붙인다.

5 마지막 5번째 뚜껑을 종잇조각 A 중앙에 붙인다.

6 뚜껑 3개를 붙인 종잇조각 A를 베이킹 시트에 올린다. 종이의 한쪽 끝이 베이킹 시트의 길이가 더 짧은 모서리에 거의 닿아야 한다.

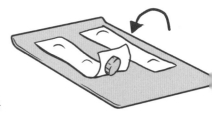

투 미닛 워닝!

베이킹 시트에 자석이 붙어야 한다. 붙지 않을 경우 자석이 붙는 베이킹 시트로 바꿔서 다시 시도한다.

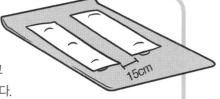

7 종잇조각 B를 종잇조각 A 옆에 15cm 정도의 간격을 두고 나란히 올린 후 잘 잡아당겨 편다.

8 종잇조각 A와 B가 모두 미끄러져 떨어질 때까지 베이킹 시트 한쪽 끝을 들어올린다

냉장고 자석

9 종잇조각을 원래 위치로 되돌리고 뚜껑을 2개만 붙인 종잇조각 B의 중앙에 냉장고 자석을 올린다.

10 8단계를 반복한다. 종잇조각 A는 처음과 같이 미끄러져 떨어질 것이다. 그러나 종잇조각 B는 자석의 힘으로 붙어 있을 것이다.

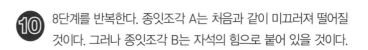

슬로모션 리플레이!

미끄러지는 종잇조각은 크로스컨트리 스키 플레이트다. 종잇조각 A의 중앙에 붙인 뚜껑은 곡선을 이루는 크로스컨트리 스키 플레이트의 아치를 뜻한다. 이 아치는 스키가 눈을 너무 꽉 눌러 들어가지 않도록 막아주는 역할을 한다. 종잇조각 B는 오르막길을 오르면서 발에 하중이 실려 스키가 눈을 꽉 눌렀을 때 어떤 현상이 발생하는지 보여준다.

자석은 발의 하중을 의미한다. 오르막길에서 한 발자국씩 올라갈 때는 양 발에 하중을 많이 싣기 때문에 아치 모양을 유지하던 스키가 납작해진다. 그러면 바닥에 발라놓았던 끈적끈적한 고마찰 왁스가 눈에 닿게 된다. 자연스레 언덕에서 미끄러지지 않을 만큼의 마찰력을 확보할 수 있다.

발이 푹푹 빠지는 눈 위를 걸어 다닐 수 있을까?

1500년대 초 프랑스 무역상들이 캐나다에 몰려간 까닭은 단 하나, 털가죽 때문이었다. 그러나 한 가지 심각한 문제에 봉착했다. 캐나다는

몇 달씩 녹지 않는 눈으로 덮여 있었다. 프랑스인들은 북미 원주민들이 수천 년 전부터 사용했던 눈신(snowshoes)을 만드는 법을 배우고 나서야 몸이 다 빠지도록 깊이 쌓인 눈 위를 자유롭게 돌아다닐 수 있었다. 나무를 구부리고 정교한 십자 매듭으로 엮어 만드는 이 눈신은 눈 위에서 체중을 분산시켜준다. 그 모양이 초창기 테니스 라켓을 닮아 프랑스인들은 이 신발을 라켓이라고 불렀다. 세월이 흐르면서 눈밭에서 트레킹 등의 여가 활동을 즐길 때도 눈신을 사용하기 시작했다. 본능이었든, 혹은 동물의 움직임을 관찰한 결과였든, 그 옛날 처음 눈신을 고안한 원주민들은 그 과학적 원리를 파악하고 있었던 것이다.

아주 오래된 지혜

북미뿐만 아니라 스칸디나비아 반도, 중부 유럽, 북아시아 등지에서도 고대부터 눈신을 고안해 신고 다닌 사례가 발견됐다. 북미 원주민들이 눈신을 더 효율적인 형태로 발전시켜 눈 위를 걸어 다니는 동안 다른 지역 사람들은 눈을 지치는 방법에 눈을 돌려 스키를 만들어냈다.

테니스 라켓처럼 생긴 캐나다 전통 눈신은 지금도 훌륭히 제 기능을 다한다. 그 원리는 무엇일까? 이 실험을 통해 알아보자.

라인 업!

★ 침대 시트

★ 베개 8개

★ 식탁 의자

★ 친구

★ 자 혹은 줄자

★ 테니스 채 2개

플레이 볼!

1 침대 시트를 바닥에 펼치고 베개를 4개씩 쌓아 두 더미를 만든다. 베개 더미가 나란해야 한다.

2 의자를 베개 더미 옆에 놓는다.

3 친구에게 신발을 벗고 의자에 올라가서 천천히 베개 더미로 올라서라고 부탁한다.

투미닛 워닝!

베개가 직접 바닥에 닿지 않도록 침대 시트를 깔도록 한다. 빨래는 귀찮고 카펫은 더럽다. 테니스 채는 망가질 가능성이 높으므로 아끼는 것을 사용하지 않도록 한다.

4 친구가 균형을 잡기를 기다린 뒤
바닥부터 친구의 발뒤꿈치까지 거리를 잰다.

5 친구가 내려온 뒤 베개를 톡톡 쳐서
다시 불룩하게 만든다.

6 각 베개 더미에
테니스 채를 하나씩 올리고
4~5단계를 반복한다.

슬로모션 리플레이! ▶▶

베개는 발이 푹푹 빠지는 부드러운 눈을 뜻하고 테니스 채는 눈신 바닥을 뜻한다. 눈신이 없으면 몸무게가 표면적이 작은 발에 몰리면서 깊이 빠지게 된다. 눈신을 신으면 표면적이 넓어져 더 많은 눈 위에 몸무게가 분산되고 발이 덜 빠진다. 이해를 돕는 예가 하나 더 있다. 모래밭을 지날 때 하이힐은 코끼리 발보다 깊이 빠진다. 질량은 비교할 수 없지만 분산되는 표면적의 차이 때문에 오히려 하이힐에 가해지는 압력이 훨씬 크기 때문이다.

스노보드 선수는 어떻게 공중제비를 넘을까?

스노보드는 동계올림픽에서 가장 많은 관중을 모으는 종목 중 하나다. 스노보드 선수들은 지그재그로 슬랄롬(스키 경사로에 기문을 설치하고 회전기술을 이용해 일일이 통과하여 내려오는 경기-옮긴이) 기문을 통과하고, 장애

물을 피하고, 점프를 하면서 머리가 쭈뼛 설 만큼 아찔한 묘기를 선보인다. 스노보드 경기장은 물리학의 야외 실습실이나 마찬가지다. 운동량, 속도, 무게중심, 가속 등 교과서나 칠판에만 존재한다고 생각했을 개념들이 트위스트, 스핀, 플립 같은 스노보드의 모든 동작에 적용된다. 경이로운 스노보드 묘기를 가능케 해주는 열쇠는 토크(torque)라고 불리는 물리력이다. 그 회전과 스핀을 최대한 활용할 수 있어야 한다.

묘기의 비밀은 우리 가까이에 있다

가장 극적인 스노보드 묘기는 플립(공중제비)이다. 슬로프를 직선으로 내려와 점프할 때 스노보드 선수는 선운동량을 얻는다. 묘기의 비결은 이 선운동량을 각운동량으로 바꾸는 데 있다. 여기서 토크가 필요하다. 간단히 말해 토크는 물체를 회전시키는 물리력이다. 나사를 풀기 위해 렌치를 돌리는 힘도 토크요, 방문 손잡이를 돌리는 힘, 여닫이문을 밀어서 경첩을 중심으로 회전시켜 여는 힘도 토크다. 플립을 하는 스노보드 선수 역시 자신의 회전축을 중심으로 회전하고 있는 중이며, 이를 위해 그는 점프 직전에 스핀을 늘리는 준비 작업을 한다.

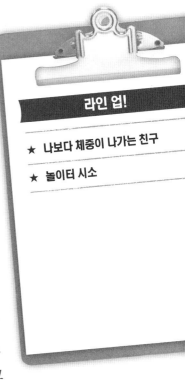

라인 업!

★ 나보다 체중이 나가는 친구

★ 놀이터 시소

이번 실험에서는 과학 교과서에 나오는 토크를 친숙한 추억이 있는 공간인 놀이터에서 구현해보려 한다. 그동안 자신도 모르는 사이에 토크를 활용하고 있었음을 깨닫게 될 것이다.

플레이 볼!

1 상대방에게 시소 좌석 훨씬 앞쪽, 중앙으로부터
약 60cm 떨어진 지점에 앉아달라고 부탁한다.

2 내가 앉을 쪽이 들려 올라갈 것이다.
시소 중앙에서 내가
앉을 쪽으로 거슬러 올라간다.

3 상대방이 앉은 지점에서 똑같이 대응되는 위치
(중앙에서 반대 방양으로 60cm 떨어진 곳)에 자리잡는다.

4 내가 앉은 쪽이
내려가지 않으면
조금씩 천천히 뒤로 물러난다.

투 미닛 워닝!

일반적으로 놀이터에서 주의해야 하는 사항에만 신경 쓰면 된다.

⑤ 어느 지점에 이르면 시소가 평형을 이룰 것이다.

⑥ 좀 더 뒤로 물러나면 내가 있는 쪽이 내려가고
상대방은 올라갈 것이다.

슬로모션 리플레이! ▶▶

시소 위에서 진행한 실험은 스노보더들이 플립을 시도하기 직전에 실행하는
준비 동작을 슬로모션으로 한 것과 같다. 아주 기본적인 토크를 생성한 것
이다. 시소 위에서 뒤로 물러나면서 체중이 증가하지는 않았을 것이다. 따라
서 시소가 평형이 된 데에는 다른 이유가 있다.
여기서 지렛대의 원리가 등장한다. 지렛대가 길수록 물리력이 늘어나고 토크
가 증가한다. 너트를 풀 때 손가락보다 긴 렌치가 더 효과적인 이유도 여기에
있다. 시소에서 천천히 뒤로 물러남으로써 지렛대가 길어졌고 이에 따라 상
대방을 들어올리는 토크가 생성된 것이다. 이런 지렛대를 물리학 용어로 "모
멘트의 팔"(회전축으로부터의 거리)이라 한다. 스노보더들은 점프를 할 때 살짝
쭈그리고 앉는 자세를 취한다. 그러다 허공으로 뛰어오르면서 다리를 쭉 펴
서 모멘트의 팔을 늘린다. 시소에서 급작스럽게 뒤로 확 물러나는 것과 같다.
이렇게 하면 순간적으로 토크가 분출하면서 과감한 플립이 가능해진다.

| 종목 | 스노보드 | 소요시간 · · · · · · · · · · · · · | 25분 |

스노보더들은 보드에 왁스를 칠하거나 벗겨내는 데 공을 많이 들인다. 보드 밑바닥은 이미 충분히 매끄러운데 그렇게 하는 이유가 뭘까? 마찰을 줄이려는 목적이다. 왁스의 역할을 살펴보고 직접 그 기능을 체험해보자.

마찰이란 마찰은 다 막는 묘약

스노보드나 스키를 타고 부드럽게 미끄러지는 데 가장 큰 방해물은 마찰, 즉 어떤 물체가 다른 물체 위를 지날 때 발생하는 저항이다. 스노보드의 질주를 방해하는 마찰에는 여러 종류가 있다.

건조 마찰: 눈 결정을 확대해보면 모서리가 상당히 뾰족하다. 이 결정체들이 달라붙으면 스노보드가 부드럽게 미끄러질 수 없다. 바닥에 왁스를 바르면 눈이 달라붙지 않도록 보호막이 형성된다.

습기 마찰: 눈이 녹으면서 물기가 생기면, 물기가 보드 밑바닥에 있는 수많은 홈 안에 모이고, 보드가 눈에 닿을 때 눈에 함유돼 있는 수

분과 달라붙는다. (젖은 유리 두 장이 서로 달라붙으면 떼기 매우 어려운 것과 같은 현상이다.) 그래서 스노보더들은 방수제가 함유된 왁스를 이용해 습기 마찰을 줄인다.

정전기 마찰: 눈 위를 지나는 보드 밑바닥에서는 정전하가 발생한다. 건조기에서 말린 양말끼리 들러붙게 만드는 정전기가 스노보드와 눈 사이에 생성되는 것이다. 정전기 방지제 성분이 든 특수 왁스가 이를 예방해준다.

라인 업!

★ **나무판**(2.5cm x 15cm x 90cm)

★ **양초**(혹은 스키 왁스)

★ **탁자**

★ **얼음조각**

★ **연필**

그런데 왁스 중에는 오히려 마찰을 유발하는 종류도 있다! 왁스가 마찰을 유발하며 열을 내 얼음이나 눈을 녹이고, 미끄러운 표면을 조성한다. 이번 실험에서는 왁스가 건조 마찰을 줄이는 원리를 구현해보려

플레이 볼!

1 나무판의 한쪽 면 전체를 양초로 고루 문지른다(스키 왁스를 구할 수 있으면 더 좋다).

2 탁자를 벽에 붙인다.

3 나무판을 탁자에 놓는다(양초 바른 면을 위로 놓는다). 길이가 더 짧은 모서리가 벽과 나란해야 한다.

4 얼음조각을 나무판 한쪽 끝에 놓는다.

양초 바른 면을 위로 놓자!

투 미닛 워닝!

벽에 연필 자국을 남기고 싶지 않다면 벽에 흰 종이를 붙이고 거기에 표시해도 된다.

한다. 단, 물체(보드)가 얼음 위를 미끄러지지 않고 얼음이 물체 위를 지나게 될 것이다.

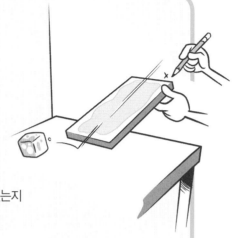

⑤ 천천히 나무판을 들다가 얼음조각이 굴러 떨어지기 시작하면 멈춘다.

⑥ 나무판을 어디까지 들어 올렸는지 벽면에 표시한다.

⑦ 나무판을 뒤집어서 3~6단계를 반복한다.

슬로모션 리플레이! ▶

왁스를 바르지 않은 면에서 얼음조각을 굴릴 때 나무판을 더 높이 들어야 했을 것이다. 마찰이 더 많이 발생하여 얼음이 굴러가기 쉽지 않았기 때문이다. 왁스를 칠하면 건조 마찰이 줄어든다. 즉, 나무판을 그렇게 높이 들 필요가 없다.

나무의 표면은 스노보드의 밑바닥과 마찬가지로 불균일하다. 작은 홈이나 균열, 미세하게 튀어나온 부분 등에 얼음이나 눈이 끼면 건조 마찰이 일어난다. 왁스는 보호막을 형성하여 이런 현상을 막아준다.

Chapter 5

자연을 이기려는 분투, 야외 스포츠

인류 최초의 스포츠 경기는 아마 달리기였을 것이다. 약 2,800년 전 지금의 그리스 일대에서 달리기를 잘하는 이들이 모여 올림픽 경기가 열렸다. 따라서 그보다 훨씬 전부터 달리기 대회가 있었을 것으로 추정된다.

인류는 아주 먼 옛날부터 신체활동을 활발히 즐겼다. 고대 그리스인들이 행글라이딩이나 자동차 경주를 봤다면 뭐라 했을지 알 수 없지만, 어쨌든 이런 스포츠가 모두 더 높이, 더 빨리, 더 멀리 가려는 갈망의 산물임을 금세 이해했을 것이다. 운동선수들은 너 나 할 것 없이 바로 이러한 갈망을 충족시키고자 땀을 흘린다. 학교 운동장의 아이들이든, 100m 달리기 결승전에 나서는 육상 선수든, 1cm 때문에 고군분투하는 장대높이뛰기 선수든, 모두 최고의 성적을 내기 위해 과학을 이용한다. 이번 장에서는 선수의 기량과 과학 원리, 때때로 첨단 기술까지 결합해 기록을 경신하고, 승리까지 거머쥐게 되는 과정을 살펴보도록 하자.

오르막길에서 기어가 담당하는 역할

"저 언덕을 오르려면 44:11은 돼야겠어."

"아냐! 저 언덕은 너무 가팔라. 22:34는 돼야 해."

이 대화를 주고 받는 건 누구일까? 혹시 AI? 잡담을 나누는 수학 교수들? 아니다. 가파른 언덕길을 올라가기 위해 최선의 방법을 찾는 사이클 선수들이다. 이들이 언급한 수수께끼의 숫자는 기어비율인데, 경사도에 가장 적합한 기어를 찾고 있는 중이다.

사이클 선수들에게 호리호리한 몸과 치타처럼 강인한 다리만큼 중요한 요소가 가파른 언덕을 자전거로 올라갈 때 적합한 기어비율이다. 기어는 물리력을 증폭시켜 운동량을 덜어주는 도구다. 어떻게 그럴 수 있는지 알아보자.

그 많은 톱니바퀴들의 이유

최신 자전거, 특히 산악자전거에는 수많은 기어가 장착되어 있다. 자전거 페달 옆에 달려 있는 톱니바퀴(보통 세 개가 있다)를 한번 확인해보자. 체인은 그 톱니바퀴 셋 중 하나에 끼워져 있고(이를 체인링이라 한다), 뒷바퀴 옆의 여러 톱니바퀴 중 하나에도 걸려 있다(이를 코그라고 한다). 체인링과 코그의 조합에 따라 페달 밟기가 수월해지거나 어려워지기도 하고 페달을 한 번 밟아서 나가는 거리도 달라진다. 페달을 한 번 돌려서 더 멀리 가려면 페달을 밟을 때 그만큼 힘을 많이 들여야 한다. 반면 한번 밟아서 짧은 거리를 가는 조합이라면 힘을 덜 들여도 되니 오르막길을 가는 데 유용하다.

앞서 얘기한 숫자는 사이클 선수들이 선택할 수 있는 기어의 종류를 뜻한다. 앞부분은 체인링의 톱니 개수, 뒷부분은 코그의 톱니 개수다. 앞 숫자가 클수록 체인을 한 번에 많이 당기게 되고, 뒤 숫자가 작을수록 코그의 톱니 개수가 작아진다. 아직도 알쏭달쏭하다고? 자전거를 꺼내서 눈으로 확인할 때가 되었다.

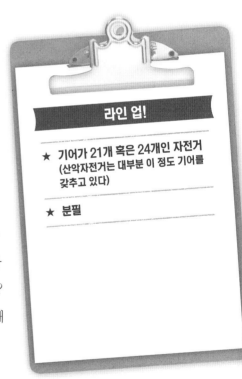

라인 업!

★ **기어가 21개 혹은 24개인 자전거**
(산악자전거는 대부분 이 정도 기어를 갖추고 있다)

★ **분필**

플레이 볼!

1 한 사람이 자전거를 번쩍 들어 올리면 다른 한 사람이 체인링과 관련된 왼쪽 기어를 가장 낮은 숫자로 바꾸고 코그와 관련된 오른쪽 기어 역시 가장 낮은 숫자로 바꾼다.

2 자전거를 잠시 내려놓고 쉰다. 뒷바퀴에 분필 표시를 한다.

3 자전거를 다시 들어서 분필 표시가 어디에 있는지 확인한 뒤 천천히 페달을 한 바퀴 돌린다. 뒷바퀴가 얼마나 돌아가는지 분필 표시를 이용해 확인한다.

투 미닛 워닝!

자전거 정비소에는 자전거를 공중에 띄워놓는 장비가 있다. 그러나 집에 그러한 장비가 있을 가능성은 낮기 때문에 힘 좋은 사람이 들어올린다. 또한 기어를 바꿀 때는 계속 페달을 저어야 한다. 아니면 체인이 빠지는 등 자전거를 고장낼 수 있다.

④ 자전거를 들고 있는 동안 체인링과
코그를 모두 가장 높은 숫자로 맞춘다
(코그만 바꿀 수 있는 자전거도 있는데 그 경우에도
실험은 문제없이 진행할 수 있다).

⑤ 자전거를 내려놓고 30초가량 쉰다.

⑥ 3단계를 반복한 뒤 바퀴가 몇 번 도는지 확인한다(분필 표시를
참조한다). 숫자를 달리해가며 여러 번 실험해본다.

슬로모션 리플레이! ▶▶

이 항을 시작할 때 나왔던 이상한 숫자들은 다름 아닌 자전거의 기어비다. 자전거의 기어비는 앞뒤 바퀴의 회전비율을 나타낸다. 더 구체적으로는 앞쪽에 달린 체인링의 톱니 수와 뒤에 달린 코그의 톱니 수의 비율이다. 체인링의 톱니 수를 낮게 설정하면 페달을 한 바퀴 돌리는데 그다지 힘을 들이지 않을 수 있다. 거기다가 뒤에 달린 코그의 톱니 수를 높게 설정하면 페달을 한 번 밟을 때 주행하는 거리가 짧아지고 들어가는 힘 역시 줄어든다. 한마디로 기어비는 분수처럼 생각하면 된다. 체인링의 톱니 수를 코그의 톱니 수로 나눈다고 보면 된다. 예를 들어 14:44 같은 낮은 비율은 42:14 같은 높은 비율에 비해 페달은 밟기 쉽고 나아가는 거리는 짧다. 오르막길 등에서는 특히 낮은 비율이 적합할 것이다.

내리막길에선 체중이 많이 나갈수록 유리할까?

요새 부쩍 살이 오른 덩치 큰 친구와 집 앞 언덕을 자전거로 오르는 시합을 하기로 했다. 아직 너 정도는 충분히 이긴다며 이죽거리는 녀석에게 한 수 가르쳐줄 심산도 있었다. 친구가 2분 먼저 출발하도록 양보

했지만 마지막의 가파른 언덕배기에서 결국 따라잡아 똑같이 정상에 도착했다. 이제 집까지 5km에 달하는 내리막길만 남아 있다. 힘든 코스는 지났으니 건방진 친구에게 질 리 없다고 생각한다. 과연 그럴까?

육중한 승리?

당신은 물리적으로 보아도 이길 수 있겠다 생각한다. 친구는 분명히 지쳐 있어서 집까지 가는 내리막길 내내 페달도 밟지 않을 것이다. 그래도 자전거가 가는 이유는 중력 때문이다. 중력은 질량과 상관없이 똑같은 물리력으로 물체를 끌어당긴다. 내가 친구보다 가볍다고 해도 친구와 똑같은 가속도가 붙기 때문에 지금처럼 앞서 나갈 수 있다. 한데 친구는 조금 다른 이유로 물리 법칙은 자기편이라고 생각한다. 물리는 과연 누구의 편인지 살펴보자.

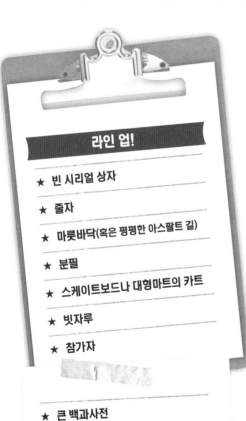

라인 업!

★ 빈 시리얼 상자

★ 줄자

★ 마룻바닥(혹은 평평한 아스팔트 길)

★ 분필

★ 스케이트보드나 대형마트의 카트

★ 빗자루

★ 참가자

★ 큰 백과사전

플레이 볼!

① 시리얼 상자를 마루 끝으로부터
2.5m 떨어진 지점에 똑바로 세운다.

② 시리얼 상자 앞쪽 모서리가 바닥과 닿은 부분을
분필로 표시한다.

③ 2단계의 표시로부터 약 3m 떨어진 지점을
분필로 표시한다.

④ 스케이트보드를 마루 반대편 끝으로 가져간다.

⑤ 스케이트보드 뒤에 서서 빗자루를
스케이트보드 위에 가져다 댄다.

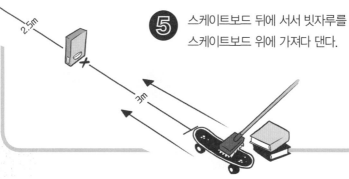

투 미닛 워닝!

실내에서 실험을 진행할 때는 공간을 충분히 확보한다. 공간 전체 길이가 13m는 되어야 하므로 야외로 나가는 것이 나을 수 있다. 스케이트보드를 미는 물리력이 일정해야 하므로 박자를 정확히 따르도록 한다. 텅 빈 마트 주차장에서 쇼핑카트를 활용하면 한결 더 신나지만 경비원의 못마땅한 눈초리도 감수해야한다.

6 친구와 미리 걸음을 옮길 박자를 정한 다음 입으로
박자를 함께 세면서 동시에 스케이트보드를 밀며 전진한다.

7 2번째 분필 표시에 다다랐을 때 빗자루를 뗀다.

8 스케이트보드가 시리얼 상자를 쓰러뜨린 뒤 계속 앞으로
굴러가다 멈추면 시리얼 상자 표시부터
스케이트보드 앞부분까지 거리를 잰다.

9 상자를 다시 세우고 스케이트보드를 마루 반대편 끝으로
가져다 놓은 뒤 백과사전을 올린다.

10 6~9단계를 반복한다.

슬로모션 리플레이! ▶

이 경주는 누가 이겼냐고 묻는다면 사실 둘 중 누구였을 수도 있다. 실험에서
보았듯 스케이트보드에 백과사전을 올리면 더 멀리 나간다. 더 무거운 친구가
치고 나갔을지도 모르는 일이다. 한편 중력은 질량과 상관없이 어떤 물체에나
동일한 가속을 생성한다(나사의 우주비행사들이 달에서 깃털과 망치를 동시에 떨어
뜨렸더니 같은 시간에 바닥에 닿았다).
한데 지구에는 속도를 낮추는 공기 저항이 존재한다. 이를 이겨내고 더 빨리 가
려면 물리력이 필요하다. 아이작 뉴턴이 말했듯 물리력(힘)은 질량과 가속을 곱
한 값이며, 중력 때문에 두 사람의 가속은 같다. 친구는 나보다 질량이 더 크다.
따라서 친구가 만들어내는 공기 저항을 극복하는 물리력도 더 크다.

진화하는 스케이트보드

예전에는 스케이트보드가 아이들이나 타는 장난감이었는데, 오늘날 스케이트보드 선수들은 각종 신기한 묘기를 선보인다. 올리, 킥플립과 같은 전통 기술 외에도 1080(공중에서 보드 앞쪽을 잡고 세 바퀴를 도는 회전), 맥트위스트(스핀과 트위스트를 조합한 기술) 같은 신기술이 등장했다. 이제 스케이트보드는 체조, 서핑과 비슷한 동작에 특유의 자유로운 분위기가 뒤섞인 독특한 종목이 됐다. 물론 물리 법칙들의 보고이기도 하다. 스케이트보드 선수들은 일반적인 과학자와 거리가 멀어

보이지만 동작 하나하나에 수많은 물리 법칙이 담겨 있다.

슬로프 위로 솟구치다

1080 같은 기술은 정확히 어떤 물리적 법칙이 연관되어 있는지 살펴보자. 핵심 요소는 높이다. 공중에서 세 바퀴를 돌리려면 충분한 높이와 공간, 체공시간이 필요하다. 이륙 때 속도를 높여야 더 높이 올라갈 수 있다. 스케이트보드 선수들은 각운동량(즉, 회전을 위한 운동량)을 확보하기 위해 하프파이프(점프가 용이하도록 표면을 U자형으로 휘어놓은 구조물-옮긴이)를 이용한다. 하프파이프에 진입할 때는 몸을 한껏 웅크렸다가 이후 솟구치듯 몸을 일으켜 세운다(이를 "펌프"라 한다). 결과는? 속력이 갑자기 빨라져서 힘찬 점프가 가능해진다. 놀이터에서 그네를 탈 때마다 취했던 동작이기도 하다. 그네가 내려갈 때는 다리를 쭉 뻗고, 올라갈 때는 다리를 잡아당겨 오므렸을 것이다. 다음 실험을 통해 스케이트보드 선수들이 활용하는 과학적 기법을 알아보자.

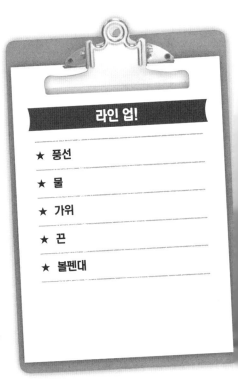

라인 업!

★ 풍선

★ 물

★ 가위

★ 끈

★ 볼펜대

플레이 볼!

1 풍선을 불었다가 바람을 뺀다.

2 물을 넣어 풍선 크기를 2배로 만들고 끝을 묶는다

3 끈을 팔 길이 2배 정도로 자른다.

4 끈 한쪽 끝을 풍선 매듭에 둘러 묶는다.

5 끈 나머지 끝을 볼펜대에 꿴 뒤 한 손으로 끈 끝을 잡고 나머지 손으로 볼펜대를 잡는다.

투미닛 워닝!

풍선에 물을 담아서 진행하는 실험이니 만큼 실내는 피하도록 하자.

6 볼펜대 잡은 쪽 팔을 쭉 뻗고
끈을 당겨 풍선이 아래로
매달려 있게 만든다.

7 볼펜대 잡은 손을 원을
그리며 돌려서 풍선을 돌린다.

8 속력이 안정적으로 유지될 때까지 풍선을 돌린다.

9 계속 돌리면서 나머지 손으로 끈을 세게 당긴다.
끈이 짧아질수록 풍선의 속력은 높아질 것이다.

슬로모션 리플레이! ▶

하프파이프의 곡선이 원의 일부라고 생각해보자. 하프파이프에서 앞으로 구르든 뒤로 구르든 각운동량이 생성된다. 무게중심과 원의 중심 사이 거리는 물체(즉, 풍선이나 스케이트보드 선수)의 회전 속도를 결정짓는다. 중심부에 가까울수록 회전이 빨라진다. 스케이트보드 선수가 펌프를 하면서 몸을 쭉 펴면 자신의 무게중심을 이 상상의 원의 중심에 더 가까이 가져가게 된다. 즉, 이 실험에서 끈을 세게 잡아당기는 것과 비슷한 결과를 만들게 되는 것이다.

멀리뛰기 선수들은 어떻게 허공에서 걸을 수 있을까?

멀리뛰기 선수는 구름판에 다가갈수록 달리는 속도를 높인다. 약 스무 걸음 만에 최고 속도에 도달해서 구름판을 차고 올라 도약한다. 허공으로 치솟는 것이다! 선수가 허공을 가를 때 발이 가장 앞에 있을 것이라 생각하는 사람이 많다. 다리를 쭉 뻗어서 조금이라도 더

먼 지점에 착지해야 하니까. 한데 실상은 전혀 다르다. 도약 후 가장 높은 위치에 도달했을 때 선수는 걷기 시작한다. 허공에서 걷는 동작을 취하는 것이다! 에너지 소모일 뿐 아니냐고? 지난 수십 년간 남녀 멀리뛰기 세계 기록 보유자들 모두 이 기법을 사용했으니 분명 효과는 있다는 뜻이다.

수영장에서 멀리뛰기 선수가 되어보자

멀리뛰기 선수는 폭발적인 도약을 위해 두 다리로 땅을 박차고 몸부터 허공에 띄운다. 하지만 거리를 늘리려면 두 발이 몸보다 앞쪽으로 나아가야 한다. 공중 걷기는 어디쯤에서 시작할까? 트랙을 전속력으로 달리다 갑자기 멈춰 서는 경우를 상상해보자. 달리다 멈추면 상체가 앞으로 쏠리게 된다. 멀리뛰기 선수가 달리기를 멈추고 도약할 때 생기는 현상이다. 선수의 몸은 각운동량에 의해 무게중심을 기준으로 회전한다. 히치킥이라고 불리는 공중 걷기는 이 회전을 차단하는 데 도움을 준다. 착지할 때가 되면 선수는 두 팔을 위로 번쩍 치켜들었다가 빠르게 내린다. 두 다리를 앞으로 내밀어 발부터 착지하게 만들려는 의도다. 이후 선운동량을 이용해 나머지 몸을 착지한 두 발보다 앞쪽으로 보내게 된다. 수영장에 가면 똑같은 효과를 체험할 수 있다.

라인 업!

★ 수영장 (어깨 이상의 수위가 확보되어야 한다)

★ 수영복

플레이 볼!

1 어깨까지 잠기는 지점으로 가서 1~2분가량 헤엄을 치며
몸을 적응시킨다.

2 가까이에 사람이 있는지 확인한다.

3 팔을 최대한 양 옆에 바짝 붙이고 발차기만으로 헤엄을 친다.

투 미 닛
워닝!

수영장에서는 반드시 안전수칙을 지
킨다. 물에 들어가기 전 절대 과식해
서는 안 된다.

4 그러다 팔을 양 옆에 붙인 상태로 똑바로 서려고 해본다.

5 팔을 앞으로 뻗으면서 평상시처럼 헤엄을 친다.

6 3~4단계를 되풀이하되
똑바로 서려고 할 때 팔을
재빨리 뻗어 내리고
다리도 동시에 앞으로 뻗는다.

슬로모션 리플레이! ▶▶

5, 6단계 동작은 멀리뛰기 선수가 착지 직전에 취하는 동작과 비슷하다. 멀리
뛰기 선수도 팔을 머리 위로 치켜들었다가 재빨리 앞으로 뻗고 다리도 앞으로
뻗어서 착지에 이상적인 자세를 만든다. 수영이나 공중 걷기나 모두 각운동량
이 중요하다. 모든 운동량이 그렇듯 각운동량도 보존된다. 즉, 전이가 될 수는
있어도 없어지지는 않는다. 다리를 앞으로 쭉 뻗으면 팔을 휘저어 내릴 때 생
성된 운동량이 보존된다.

장대높이뛰기의 장대는 왜 유연한가?

일반인이 보기에 장대높이뛰기는 스카이다이빙만큼 무서운 운동이다. 장대 하나에 의지해서 저 높은 곳까지 올라가다니. 게다가 장대가 저렇게 잘 휘면 위험하지 않을까? 그러나 경기에 쓰이는 장대는 잘 휘면서 동시에 견고하게 만들어진다. 충돌할 때 에너지를 전달하기에 최

적인 조합이다. 장대높이뛰기 선수들이 과학을 활용하여 기록을 경신하면서 안전도 확보하는 방법에 대해 자세히 알아보자.

유연성과 에너지 보존,
그리고 도약

장대높이뛰기는 에너지가 만들어지거나 소멸되지 않고 전달될 뿐이라는 에너지 보존 법칙을 명확하게 설명해준다. 장대높이뛰기 선수는 도약 지점에 가까워질수록 속력을 높이면서 자신이 보유하고 있는 위치에너지를 운동에너지로 전환시킨다. 하지만 도약을 하려면 다시 수평에너지를 수직에너지로 바꿔야 한다. 그래서 장대가 필요하다. 장대가 잘 휠수록 선수의 도약을 도와주는 위치에너지가 더 많이 저장된다. 뉴턴의 제3법칙(작용과 반작용의 법칙)에 따라 휜 장대가 다시 펴질 때 위치에너지는 수직 운동에너지로 바뀌고 선수는 솟구쳐 오른다. 이를 확인하기 위해 집 앞 놀이터에서 실험을 해보자. 에너지 보존 법칙을 이해하는 친구 한 명만 옆에 있으면 된다!

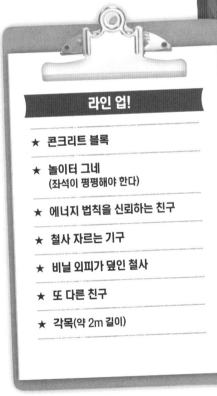

라인 업!

★ 콘크리트 블록

★ 놀이터 그네
  (좌석이 평평해야 한다)

★ 에너지 법칙을 신뢰하는 친구

★ 철사 자르는 기구

★ 비닐 외피가 덮인 철사

★ 또 다른 친구

★ 각목(약 2m 길이)

플레이 볼!

1 콘크리트 블록을 그네에 올린다.

2 철사를 3줄 잘라서
블록을 그네에 고정시킨다.

3 친구 A와 함께 그네 양 옆에 서서
좌석을 잡고 땅으로부터
150cm 높이 지점까지
밀어 올린다.

4 에너지 법칙을 믿는 친구 B는
그네 뒤에 서달라고 부탁한다.
코가 그네에 거의 닿아야 한다.

투 미닛 워닝!

친구 B가 머리를 각목에 대고 꼿꼿하게 세우고 있어야 각목이 똑바로 서 있는다. 또한 친구 A에게 그네에서 손을 뗄 때 절대 밀지 말라고 강조해야 한다. 그네를 밀면 물리력이 더해져서 얼굴에 부딪힐 수도 있다.

5 그네 줄이 팽팽하지 않을 경우 팽팽하게 만든 뒤 친구 B의 위치도 다시 조정한다.

6 친구 A가 그네를 잡고 있는 동안 각목을 친구 B 뒤에 세운다.

7 그네 뒤에 선 친구 B에게 움직이지 말고 있어달라고 부탁한다. 뒷머리가 각목에 거의 닿아야 한다.

8 친구 A와 함께 그네에서 손을 뗀다.

9 그네가 앞뒤로 움직이지만 친구 B의 얼굴을 치는 일은 없을 것이다.

슬로모션 리플레이! ▶

친구 A와 함께 그네를 밀어 올렸을 때 그네의 위치에너지가 상승했고, 그네에서 손을 뗀 순간 이 위치에너지가 운동에너지로 전환되었다. 전체 에너지 총량은 같지만 형태가 바뀐 것이다. 그네가 앞으로 움직여 블록이 공중으로 치솟았을 때 운동에너지가 다시 위치에너지로 저장되었다. 이렇게 에너지의 전환을 통해 진자운동이 이어진다. 그런데 에너지가 전환되었을 뿐이라면 왜 그네가 원래 위치까지 치솟아 얼굴에 부딪히지 않았을까? 일부 에너지가 마찰을 통해 열과 소리로 바뀌었기 때문이다. 따라서 그네가 되돌아올 때 운동에너지의 양이 줄어든 것이다.

빙빙 돌아 던진 원반이 왜 똑바로 날아갈까?

원반의 역사는 수천 년 전 고대 그리스의 올림픽경기까지 거슬러 올라간다. 미식축구공, 야구공, 창을 던질 때도 대부분 직선으로 던진다. 앞으로 달려나가면서 전방을 향해 던지는 식이다. 하지만 원반던지기

선수가 던지는 방식은 직선과 거리가 멀다. 원반을 쥐고 빙글빙글 돌다가 놓으면 앞으로 멀리 날아간다. 선수의 회전 운동이 어떻게 원반의 선 운동으로 바뀔까?

원반과 구심력의 활용

원반던지기 선수는 한 바퀴 반을 도는 동안 자신의 힘을 운동에너지로 전환시킨다. 동시에 원반을 선수의 몸 쪽으로 끌어당기는 구심력이 커진다. 구심력은 회전운동의 중심을 향해 물체를 끌어당기는 물리력인데, 이 경우 중심은 원반던지기 선수 자신이다. 그가 원반을 놓으면 구심력이 멈추고 회전 속도는 선운동량으로 바뀌며, 원반은 반지름(원반의 중심과 회전하는 가장자리를 잇는 가상의 선)과 직각 방향으로 날아가게 된다. 다시 말해 회전하다가 직선으로 날아가게 되는 것이다. 원반보다 훨씬 작지만 구심력에 의해 움직이는 원형 물체로 직접 실험해보자.

라인 업!

★ 동전

★ 풍선

플레이 볼!

1 동전을 바람 뺀 풍선 안에 넣는다. 풍선 구멍이 있는 쪽을 손으로 잡고 흔들어서 동전을 안쪽으로 보낸다.

2 풍선에 바람을 넣고 매듭을 짓는다.

3 손바닥을 매듭에 대고 손가락을 뻗어서 풍선을 잡는다.

투미닛 워닝! 풍선이 투명하면 안을 훤히 들여다볼 수 있으니 더 효과적이다!

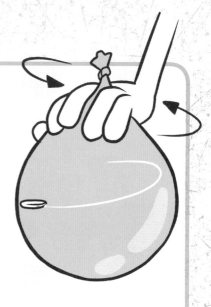

④ 풍선을 그림과 같이
거꾸로 든다.

⑤ 원을 그리며 돌려서
풍선 안에 있는
동전을 회전시킨다.

⑥ 동전이 안에서 이리저리 구르지 않고 벽을 타고
부드럽게 회전할 때까지 돌린다.

슬로모션 리플레이! ▶

풍선의 벽이 구심력을 제공하여 동전이 계속 회전할 수 있었다. 원반던지기
선수의 팔이 원반을 끌어당김으로써 같은 작용을 한다. 풍선이 갑자기 터지
면 동전은 회전을 멈추고 직선으로 날아갈 것이다.

왜 마라톤 전 구간을 전력 질주할 수 없을까?

기원전 490년 전설은 시작됐다. 페이디피데스란 이름의 군인이 약 40km를 달려 아테네 사람들에게 마라톤 전투의 극적인 승리를 전했다. 니케, 즉 승리라는 한 마디를 남긴 뒤 그는 쓰러져 숨을 거뒀다. 현

대 마라톤은 이보다 약간 긴 42.195km 코스를 달린다. 현재 세계 기록은 2시간이 조금 넘고 아무도 죽지 않으니, 초기에 비해 대단한 발전이라 할 수 있다. 그런데, 100m 달리기 세계 기록 보유자인 우사인 볼트가 마라톤을 전력 질주한다면 어떻게 될까? 100m를 평균 10초에 달릴 수 있다면 4만2000m는 1시간 10분이면 주파할 수 있다. 그러나 그렇게 계산대로 되지 않는다.

포도당을 태우는 올바른 방법

근육은 수축할 때마다 글루코스, 즉 포도당(에너지를 공급해주는 당류)을 태우며 이 과정에서 젖산이 분비된다. 젖산은 혈액을 타고 이동하며 사람은 폐를 통해 이를 배출한다. 이 때문에 격한 운동 뒤 숨을 가쁘게 몰아쉬게 된다. 문제는 근육이 포도당을 너무 빨리 태워서 몸이 젖산을 배출하는 속도가 따라가지 못할 때 발생한다. 그렇게 운동을 과하게 하면 몸은 우리에게 여러 가지 신호를 보낸다. 경련이 일어나거나 복통이 생기거나 심지어 토하기도 한다. 마라톤 선수들은 전 구간에 걸쳐 이런 경고등이 켜지지 않도록 평균적으로 5분에 1.6km를 유지하며 달린다. 40km 넘는 구간을 전력 질주할 수 있는 사람은 없다. 다음 실험을 통해 포도당을 과하게 태우면 어떤 현상이 일어나는지 가볍게 경험해보자.

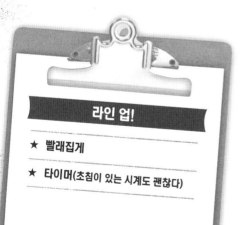

라인 업!

★ 빨래집게

★ 타이머(초침이 있는 시계도 괜찮다)

플레이 볼!

1 팔을 앞으로 쭉 뻗은 상태로 빨래집게를 든다.

2 60초 동안 빨래집게를 몇 번이나 누를 수 있는지 세어본다.

3 계속 이어서 60초 단위로 몇 번이나 누를 수 있는지 세어본다. 손이 너무 아프면 중단한다.

투 미닛 워닝! 첫 60초를 채우기 전에 멈춰도 상관없다. 생각보다 일찍 과학 원리가 입증되었을 수도 있으니까.

슬로모션 리플레이! ▶▶

첫 60초 안에 포도당이 과하게 타는 느낌을 받을 수 있다. 근육이 포도당을 태워서 젖산이 쌓이는 속도가 빠를 수 있기 때문이다. 근육이 지나치게 혹사당한다는 신호다. 마라톤을 전력 질주하려는 사람은 전신에서 똑같은 현상을 경험하게 된다. 그런데 빨래집게를 천천히 누르면 훨씬 오랫동안 반복할 수 있다. 그래서 마라톤 선수들이 속도를 조절하는 것이다.

| 종목 | 육상 | 소요시간 | 20분 |

과연 운동화가 좋으면 달릴 때 유리할까?

가장 원초적인 스포츠는 두말할 필요 없이 달리기다. 선사시대 인류가 야생동물을 쫓아다닐 때부터 (혹은 쫓겨 다닐 때부터) 존재했다. 그래서 달리기는 고대 그리스 올림픽 경기가 생겨나기 훨씬 전부터 스포츠로 정립되었다. 초창기 선수들은 맨발로 달렸고, 이후 일상화를 신고 뛰었

다. 20세기에 접어들어서 달리기를 위한 운동화가 개발됐는데, 순전히 기록을 올리기 위해서였다.

운동화의 목적

사람들이 앞다퉈 운동화를 사는 이유는 크게 두 가지다. 먼저 운동화는 발을 보호해준다. 오래 달려도 상처가 생기거나 물집이 잡히지 않는다. 요즈음 운동화는 대부분 땀을 흡수하는 소재로 만들고 발 모양을 그대로 딴 쿠션을 장착하여 편안함을 극대화한다. 달리는 속도를 높이기 위함이다. 일부 디자인은 경량 소재를 채택하기도 한다. 무게를 줄여서 달리는 속도를 향상시켜준다는 주장이다. 한 걸음 뗄 때마다 다리로 들어 올려야 하는 무게가 줄어들면 그만큼 에너지 소모가 적고 덜 피로해진다. 그러나 시간 단축의 핵심은 에너지 보존 법칙이다. 한 걸음 뗄 때 운동에너지가 소리, 열, 진동에 흡수되지 않고 다음 걸음을 위해 보존되는 양이 많을수록 에너지 소모가 줄어 속력이 올라간다. 하지만 그런 탄력 혹은 바운드를 어떻게 지속적으로 확보할 수 있을까? 실험을 통해 알아보자.

라인 업!

★ 친구
★ 긴 자
★ 탁자
★ 의자
★ 테니스공
★ 물
★ 스펀지

플레이 볼!

1 친구에게 탁자 위에 긴 자를
세로로 올리고 잡아달라고 부탁한다.

2 의자에 올라서서 공을 자 맨
윗부분에 맞춘 뒤 떨어뜨린다.

3 공이 얼마나 높이
튀었는지 확인한다.

투미닛 워닝!

조명이나 식기, 기타 깨질 수 있는 물
건을 미리 치워둔다. 의자에서 떨어지
지 않도록 주의한다.

4 스펀지를 물에 적신 뒤 꼭 짜서 살짝 젖은 상태로 만든다.

5 젖은 스펀지를 자의 밑부분에 놓고 2, 3단계를 반복한다.
이때 공을 스펀지 위로 떨어뜨린다.

6 선택사항: 스펀지 대신 책, 수건, 장갑, 모래 등
다양한 물체를 놓고 실험을 반복해본다.

슬로모션 리플레이! ▶▶

방금 다양한 재료의 탄성충돌과 비탄성충돌을 알아보았다. 탄성충돌은 운동
에너지를 더 많이 보존하기 때문에 다음 발을 뗄 때 에너지가 덜 소모된다. 반
면 비탄성충돌은 에너지 대부분을 흡수한다. 충격이 완화되면 발이 더 편안해
진다. 여기서 볼 수 있듯 재료마다 기능이 다 다르다. 따라서 발의 편안함과
속도 향상 중 한 가지를 택해야 한다. 그러나 최근 개발된 TPU(열가소성 폴리
우레탄) 등과 같은 첨단 신소재는 두 가지 기능을 동시에 수행하기도 한다.

무동력 비행기 행글라이더

행글라이더는 얼핏 보면 삼각형 연과 비슷하다. 일종의 낙하산처럼 보이기도 하지만 낙하산과는 달리 공중에서 선회하며 천천히 내려오다 다시 올라가기도 한다. 아이작 뉴턴 경이 봤다면 까무러칠 노릇이다. 행글라이더는 사람이 올라타서 비행기처럼 조종을 한다. 이 엔진 없는 비행체에 매달리는 데에는 꽤 큰 배짱이 필요하고, 공중에 머물러 있으려면 다양한 기술을 익혀야 한다. 어떻게 이런 비행이 가능할까?

양력과 항력의 완벽한 비율

종이비행기부터 우주왕복선까지 하늘을 나는 물체에 대해 이야기하려면 양력과 항력을 필수적으로 알아야 한다. 양력은 비행이 가능하도록 물체를 위로 밀어 올리는 물리력이다. 비행기의 날개가 바로 이 물리력을 제공하는 역할을 한다. 항력은 공기 저항과 마찬가지로 속도를 낮추기 때문에 양력과 반대로 작용한다. 비행기 설계자들은 종종 양항비란 말을 쓴다. 특정 날개 디자인이 만들어내는 양력과 항력의 비율을 뜻한다. 주로 양력을 극대화하고 항력을 최소화하도록 설계한다. 현대식 행글라이더는 양항비가 대단히 좋다. 경량이라 양력을 높여줄 엔진이 없어도 비행할 수 있다. 하지만 조종사 없이는 공중에 오래 머물지 못한다. 훌륭한 조종사는 기류를 감지해서 행글라이더가 허공에 머물 수 있게 하거나 상승기류를 타고 올라간다. 이번 실험에서 직접 상승기류를 만들어보자.

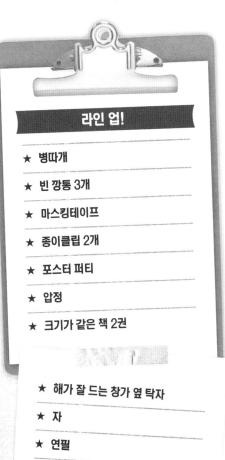

라인 업!

★ 병따개

★ 빈 깡통 3개

★ 마스킹테이프

★ 종이클립 2개

★ 포스터 퍼티

★ 압정

★ 크기가 같은 책 2권

★ 해가 잘 드는 창가 옆 탁자

★ 자

★ 연필

★ 가위

플레이 볼!

1 병따개를 이용해서 깡통의 위와 아래를 딴다.

2 깡통을 수직으로 쌓고 연결부분을
마스킹테이프로 감아 고정한다.

3 종이클립을 직선으로 펴서 맨 위 깡통 모서리 안쪽에
서로 마주보도록 테이프로 붙인다.
모서리 안으로 클립이 약 1cm
들어가 있어야 한다.

4 클립의 깡통 모서리 위로 솟은 부분을
구부려서 아치 모양을 만든다.

5 클립 끝이 만나는 부분을 테이프로
감고 포스터 퍼티를 콩알만큼 떼어
그 위에 붙인다.

6 압정을 포스터 퍼티에 살며시 눌러 올린다
(뾰족한 부분이 위를 향해야 한다).

투미닛 워닝!

실험이 제대로 진행되려면 해가 쨍쨍
한 낮이 좋다.

7 책을 약 5cm 간격을 두고 탁자에 올려놓은 뒤 깡통 탑을 그 틈새 위에 올린다.

8 자를 이용해서 종이 네 모서리부터 중심을 향해 선을 긋되 중심으로부터 0.5cm 떨어진 지점에서 멈춘다. 가위로 선을 따라 오린다.

9 종이의 네 모서리를 중심을 향해 접고 테이프로 고정시킨다. 바람개비 모양이 나올 것이다.

10 바람개비를 압정에 조심스럽게 꽂는다.

11 햇빛에 노출되면 바람개비가 돌아갈 것이다.

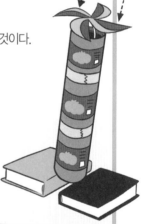

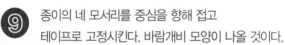

슬로모션 리플레이! ▶▶

행글라이더는 연처럼 바람을 뚫고 나아간다. 그러나 허공에 계속 머물기 위해서는 상승기류가 필요하다. 상승기류는 온기와 연관이 깊다. 햇빛을 듬뿍 받은 바위에서 올라온 더운 공기가 대표적인 상승기류다. 이 실험에서는 깡통 탑 안 공기를 햇빛에 데워 상승을 유도해서 바람개비를 돌린다. 바닥의 구멍을 통해 새 공기가 계속 유입되고 데워진다.

번지점퍼는 영원히 오르락내리락 할 수 있을까?

수천 년 동안 무한동력 장치, 즉 운동이 영원히 지속되는 영구기관을 만들려는 시도가 이어졌다(그리고 늘 실패로 끝났다). 물의 흐름을 본떠 설계하기도 했고, 자석을 활용하기도 했다. 심지어 레오나르도 다 빈치도

평형이 유지되지 않는 바퀴가 볼 베어링을 활용해 무한히 돌아가는 장치를 고안한 바 있다. 심층 연구와 실험을 통해 이런 시도는 모두 실패임이 드러났다. 결국에는 어떤 물리력이 작용해 운동이 멈추고 만 것이다. 혹시 실패의 원인이 지나치게 복잡한 설계 아니었을까? 요즈음 많은 사람들이 즐기는 번지점프가 이 해묵은 수수께끼를 풀어줄 수 있을지도 모른다. 번지점프를 하고 나면 누군가 붙잡아주기 전까지는 계속 상하로 움직이지 않는가?

달걀에게 번지점프 시키기

번지점프의 재미와 무한동력 연구를 결합시킬 기회가 왔다. 번지점프는 일종의 고무줄을 발에 묶고 높은 곳에서 뛰어내리는 스릴 만점 스포츠다. 줄은 사람의 머리가 땅에 거의 닿을 정도로 늘어났다가 아슬아슬한 타이밍에 사람을 확 잡아당겨 끌어올린다. 이제 달걀을 이용해서 당신만의 번지점프를 실행해보자. 굳이 금문교나 그랜드캐년에서 던지지 않아도 물리적 법칙을 실험하는 데는 문제가 없다.

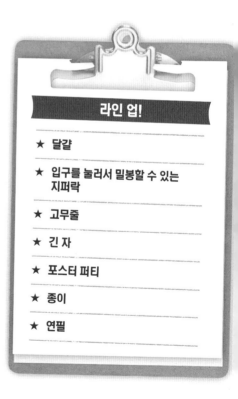

라인 업!

- ★ 달걀
- ★ 입구를 눌러서 밀봉할 수 있는 지퍼락
- ★ 고무줄
- ★ 긴 자
- ★ 포스터 퍼티
- ★ 종이
- ★ 연필

플레이 볼!

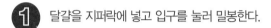

1 달걀을 지퍼락에 넣고 입구를 눌러 밀봉한다.

2 지퍼락 한쪽 모서리를 잘 꼬아서
고무줄로 묶는다(매듭을 2번 짓는다).

3 긴 자를 벽에 기대어 놓는다. 0이 위를 향해야 한다.

4 자를 포스터 퍼티로 고정한다.

5 달걀이 든 지퍼락을
한 손으로 들고 끝에 달린
고무줄 끝을 나머지 손으로
잡고 있다가 지퍼락을 놓는다.
0에서 놓아야 한다.

6 얼마나 떨어지는지 거리를
측정한다. 여러 차례 반복해서
평균치를 구한다.

7 고무줄 2개를 그림과 같이 연결해서 번지 줄을 늘린다.

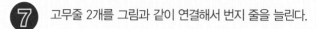

8 다시 한번 얼마나 떨어지는지 거리를
측정한다. 이때도 여러 차례 반복해서
평균치를 구한다.

9 고무줄을 계속 더하면서 7, 8단계를 반복한다.
더 내려가면 달걀이 깨질 것 같을 때
혹은 지퍼락을 묶은 고무줄이 더 이상의 고무줄을
버텨내지 못할 것 같을 때 멈춘다.

10 고무줄 더하기를 멈췄을 때
달걀을 떨어뜨리고
상하운동이 멈출 때까지
기다린다.

투미닛 워닝!

고무줄을 늘릴 때마다 거리를 측정한다. 전보다 많이 내려가는가? 아니면 전과 동일한가? 결과에 따라 고무줄을 더할지 말지 결정한다.

슬로모션 리플레이! ▶

번지점프는 에너지 보존 법칙을 명확히 보여주는 스포츠다. 점퍼(이 실험에서는 달걀)는 중력 위치에너지를 한껏 품고 있다. 그러다 아래로 떨어지면서 이 위치에너지가 운동에너지로 바뀐다. 번지 줄(고무줄)이 한계에 다다르면 탄성 위치에너지가 증가한다. 줄이 점퍼를 당겨 올리면 다시 튀어 오르는 데 필요한 운동에너지가 생긴다. 그러나 이 과정이 무한 반복되지는 않는다. 에너지는 사라지지 않지만 열과 소음 등 다른 형태로 전환된다.

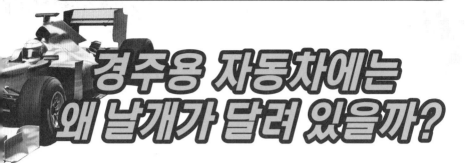

경주용 자동차에는 왜 날개가 달려 있을까?

경주용 자동차는 차체가 낮고 거대한 바퀴가 양 옆에 달려 있으며 내부에는 운전자 한 사람이 탈 정도의 공간밖에 없다. 일반 차량과는 딱 보기에도 다르다. 낯설게 느껴지지만 고성능 브레이크와 서스펜션, 각종 전자장비 등 경주용 자동차에 적용되었던 다양한 첨단 기술이 일

반 승용차에 적용되었다. 그런데 트렁크 위에 달린 날개만큼은 경주용
차 고유의 특징으로 남아 있다. 경주용 차는 무게는 최소한으로 줄이
는 데다가 날개까지 달고 시속 320km가 넘는 속도로 질주하는데 왜
이륙은 못할까?

에어포일의 위력

날개와 속도의 강력한 조합이 반드시 비행으로 연결되지 않는 이유
를 여기서 알아보자. 날개는 윗부
분이 곡면, 아랫부분이 평면인 에
어포일(항공기 프로펠러 등의 날개) 형
태로 설계된다. 위쪽 곡면을 지나
는 공기는 아래쪽 평면을 지나는 공
기보다 더 긴 거리를 이동해야 하므
로(그러려면 더 빨리 움직이게 되므로), 공
기의 압력이 감소한다. 속도가 증가
하면 압력은 감소한다는 베르누이의
공식이 적용되는 것이다. 경주용 차의
날개도 똑같은 에어포일 형태다. 그
런데 위아래가 바뀌었다! 따라서 위쪽
공기의 압력이 더 커서 차를 떠우는 대
신 지면에 밀착시키는 효과가 발생한
다. 이번 실험은 베르누이의 공식을 되

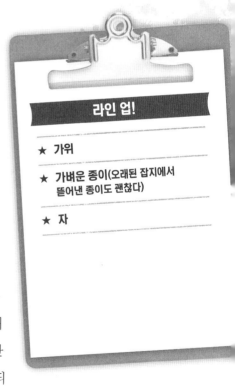

라인 업!

★ 가위

★ 가벼운 종이(오래된 잡지에서
   뜯어낸 종이도 괜찮다)

★ 자

새겨볼 기회다. 에어포일의 곡면이 위를 향할 때와 아래를 향할 때 어떻
게 달라지는지 생각해보자.

1 종이를 25cm x 5cm 크기로 자른다.

2 양손으로 종이 모서리를 잡고 좁은 면을 입 가까이에 댄다. 종이가 아래로 늘어질 것이다.

비행기 에어포일

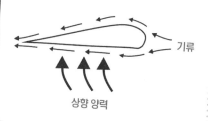

기류

상향 양력

경주용 차 에어포일

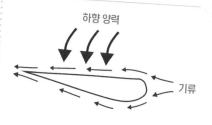

하향 양력

기류

투미닛 워닝!

4, 5단계에서 종이를 정확한 위치에 가져다 대는 것이 중요하다. 그렇지 않으면 결과가 제대로 나오지 않을 수 있다.

③ 종이 윗부분에 규칙적으로 입김을 분다. 종이가 위로 날려 올라갈 것이다.

④ 종이를 좀 더 올려서 코와 윗입술 사이로 가져간다.

⑤ 이번에는 종이 아랫부분을 향해서 입김을 분다. 종이가 내려갈 것이다.

슬로모션 리플레이! ▶

에어포일 설계가 비행기에 양력을 제공하는 원리 또한 경주용 자동차가 도로를 매끄럽게 질주하도록 돕는 원리를 알아보았다. 곡면을 따라 흐르는 유체의 속력이 높아지면 압력은 낮아진다는 베르누이의 공식을 명확히 보여준다. 한데 에어포일이 일반 자동차에도 과연 적용될까? 이미 적용되어 있다. 보통 리어 스포일러라고 부르는데, 자동차 후면 상단부에 장착되어 있다. 물론 경주용 차처럼 질주하라고 달아놓지는 않았고, 공기의 저항을 최소화하여 연비를 향상시키려는 목적이다.

집에서 하는 줄타기 곡예

서커스 천막 안에서 줄타기를 하는 곡예사, 맨해튼의 고층빌딩이나 사막의 협곡, 나이아가라 폭포에서 허공에 묶어놓은 줄 위를 아슬아슬하게 걷는 사람의 사진을 본 적이 있을 것이다. 보기만 해도 간이 오그라드는 모습이다. 줄타기 곡예사는 우리가 꿈도 못 꿀 일을 해내는 별

종 인간이라고 생각했는데, 공원이나 뒷마당에 지표면 가까이 줄을 매 놓고 그 위를 걷는 슬랙라이닝이 갈수록 인기를 끌며 하나의 스포츠로 자리 잡아가고 있다. 슬랙라이닝의 줄은 여러 묘기가 가능하도록 팽팽한 정도를 조절할 수 있다. 혼자 하기에 아주 이상적인 스포츠다. 어디에 있든 나무나 기둥에 줄을 걸어놓고 신나게 줄타기를 한 뒤 줄을 걷어 떠나면 그만이다.

줄타기의 비결

훨씬 안전하기는 하지만 슬랙라이닝은 목숨을 거는 고공 줄타기와 공통점이 많다. 줄타기의 핵심은 무게중심 파악이다. 무게중심은 한 물체의 전체 질량이 평균을 이루는 점을 뜻한다. 쉽게 말하면 물체의 특정한 점에 줄을 매달아 걸었을 때 그 물체가 평형을 이루는 점이다. 이 실험을 통해 무게중심에 대해 좀 더 배워보자.

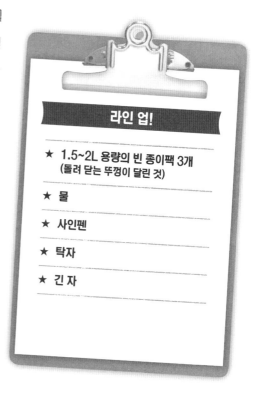

라인 업!

★ 1.5~2L 용량의 빈 종이팩 3개
　(돌려 닫는 뚜껑이 달린 것)

★ 물

★ 사인펜

★ 탁자

★ 긴 자

플레이 볼!

1 종이팩 하나는 물을 가득 채우고 뚜껑을 닫은 뒤
"가득 차 있음"이라고 적는다.

2 두 번째 종이팩은 물을 반만 채우고 뚜껑을 닫은 뒤
"반만 차 있음"이라고 적는다.

3 세 번째 종이팩은 빈 상태로 뚜껑을 닫은 뒤
"비어 있음"이라고 적는다.

4 종이팩 3개를 나란히 탁자 위에 올려놓는다.
자를 이용해서 정확히 직선을 맞춘다.

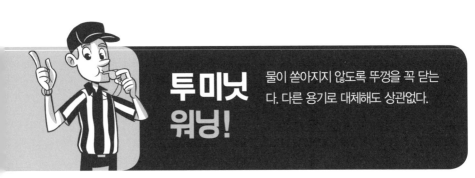

투 미닛 워닝!

물이 쏟아지지 않도록 뚜껑을 꼭 닫는다. 다른 용기로 대체해도 상관없다.

⑤ 6단계로 넘어가기 전 어느 종이팩이 가장 안정적일지 예측한다.

⑥ 자를 종이팩 뒤에 가져다 댄다(위에서 3cm가량 떨어진 지점).

⑦ 자를 천천히 앞으로 밀면서 넘어지는 순서를 확인한다.

3cm
가득 차 있음
OJ
OJ
반만 차 있음
비어 있음

슬로모션 리플레이! ▶▶

물을 반만 채운 종이팩이 끝까지 넘어지지 않아서 놀랐는가? 무게중심이 낮은 곳에 있는 물체가 가장 안정적인 법이니 별로 놀랄 일은 아니다. 물을 가득 채운 종이팩이 가장 오래 버틸 것이라 예측한 사람이 많을 것이다. 물을 가득 채웠기 때문에 질량이 당연히 가장 크기 때문이다. 그러나 반만 채운 종이팩은 위쪽이 공기로 차 있어서 무게중심이 아래에 있다.

슬랙라이닝. 심지어 고공 줄타기 곡예도 마찬가지다. 몸을 굽히고 옆으로 살살 움직이며 무게중심을 낮게 유지하면 줄타기를 할 때 균형을 잡기 쉽다. 줄 위에서 몸을 꼿꼿이 편 채로 친구에게 밀어달라고 부탁한 뒤 몸을 한껏 웅크리고 다시 한번 밀어달라고 부탁해보자. 무게중심이 낮을 때 안정성이 향상된다는 사실이 입증될 것이다.

| 종목 | 줄다리기 | 소요시간 ·············· 40분 |

줄다리기의 팽팽한 과학

줄다리기라는 단어를 들으면 무엇이 연상되는가? 운동회? 먼지투성이가 되는 체육복? 밧줄에 온통 쓸린 손바닥? 어린 시절에나 하는 놀이 같지만 알고 보면 국제 줄다리기 대회도 있다. 해마다 국제줄다리기

연맹에서(실제로 존재하는 단체다) 주최하는 줄다리기 세계챔피언십이 열린다. 줄다리기를 연구하는 과학자들도 있다. 질량, 속도, 운동량이 작용하는 종목이니 과학자가 등장할 수밖에… 과학자들의 연구 결과를 살펴보면 어느 팀이 승리할지 알아맞힐 수 있는 실마리가 발견된다.

뉴턴 제2법칙과 줄다리기

이 실험의 핵심은 질량과 물리력과 운동을 다룬 뉴턴의 제2법칙(운동량 보존 법칙)에 있다. 어떤 물체를 움직이는 데 필요한 물리력의 양은 그 물체의 질량과 비례한다. 다시 말해 몸무게가 2배 차이 나는 두 사람을 각각 똑같은 물리력으로 민다면 가벼운 사람이 무거운 사람보다 2배 멀리 밀려난다. 골프공과 무거운 벽돌을 같은 물리력을 이용해 던질 때 골프공이 더 멀리 날아가는 것과 같은 이치다. 이번 실험에서는 계산을 몇 가지 해보자.

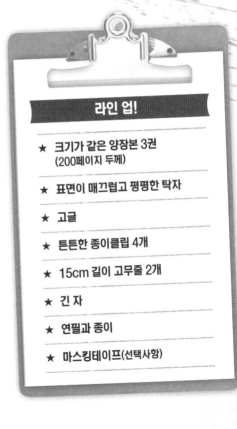

라인 업!

★ 크기가 같은 양장본 3권
  (200페이지 두께)

★ 표면이 매끄럽고 평평한 탁자

★ 고글

★ 튼튼한 종이클립 4개

★ 15cm 길이 고무줄 2개

★ 긴 자

★ 연필과 종이

★ 마스킹테이프(선택사항)

플레이 볼!

1 책 2권을 15cm 간격을 두고 탁자에 나란히 놓는다. 책등이 서로 마주보아야 한다.

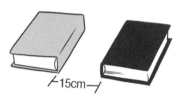

15cm

2 고글을 쓰고 종이클립 한쪽 끝을 90도 각도로 구부린다.

90°

3 종이클립의 구부린 끝을 책등의 윗부분과 아랫부분으로 밀어 넣는다. 구부리지 않은 끝은 옆에 놓인 책을 향해야 한다.

4 고무줄을 구부리지 않은 끝에 연결해서 평행으로 2줄을 만든다.

5 양 책을 이은 고무줄 2줄이 팽팽해질 때까지 책을 서로 반대 방향으로 민다.

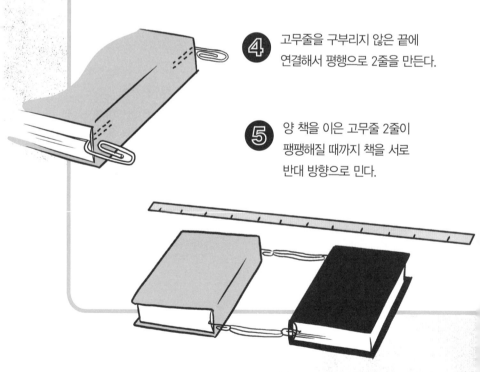

⑥ 자의 중간부분을 책 사이 틈에 맞추어
자 양끝이 책 너머로 넘어가도록 한다.

⑦ 시선을 자에 두고 책을 서로 반대 방향으로 민다
(각 책의 밀린 거리가 같아야 한다).

⑧ 책 사이 틈의 폭을 잰다. 25cm 정도가 될 것이다.

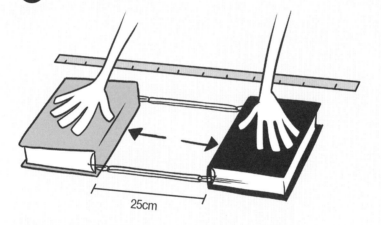

25cm

⑨ 손을 떼고 각 책이 얼마나 되돌아왔는지 확인한다.
이 실험을 2번 더 반복한 뒤 결과의 평균치를 낸다.

⑩ 세 번째 책을 책 2권 중 한 권 위에 겹쳐 올린다.
(책 3권 모두 무게가 비슷해야 한다.)

⑪ 8, 9단계를 3번 되풀이한다. 결과를 기록하고 평균치를 낸다.

**투 미 닛
워닝!**

책 3권의 무게가 일치하면 결과가 더 정확하다. 아니라도 최대한 비슷한 무게인 책들을 사용하도록 한다. 종이클립을 책등에 밀어 넣기가 힘들면 책 표지에 테이프로 고정시켜도 된다. 종이클립을 구부리다 튈 수 있으므로 고글을 반드시 착용한다.

슬로모션 리플레이! ▶▶

책을 움직인 물리력은 매번 동일했다(움직인 거리가 매번 같았다). 책의 질량이 같으므로 손을 뗐을 때 되돌아온 거리도 같을 것이다. 그러나 한쪽에 책 한 권을 더하면 더 무거워진 쪽은 되돌아온 거리가 반대쪽의 절반에 지나지 않았을 것이다. 줄다리기도 마찬가지다. 무게가 더 나가는 팀이 이길 가능성이 높다. 무게가 더 가벼운 팀보다 큰 물리력을 생성하게 되고 그럼으로써 밧줄을 잡아당길 때 유리해지기 때문이며 상대팀이 잡아끌어도 끌려가지 않게 되기 때문이다.

수평으로 나는 프리스비

회전하는 원반은 자이로력(회전하는 물체가 현 상태를 유지하려는 경향)을 설명해주는 좋은 사례가 된다. 자이로력이 프리스비가 날아가는 동안 수평 상태를 유지하게 해준다. 그리고 프리스비가 공중에 떠 있을 수 있

는 원리는 지금쯤 귀에 못이 박히도록 들었을 베르누이의 공식이다. 이제 베르누이의 공식에 대해 알만큼 안다고 생각하는지? 이 실험을 통해 몰랐던 사실이 하나 더 밝혀질 것이다.

물 흐르듯 따라가면 그만

이 책에서 가장 간단한 실험이 이번에 등장한다. 바로 2~3초 동안 흐르는 수돗물을 지켜보는 실험이다. 어서 시작해보자.

라인 업!

★ 주방 수도
  (싱크대가 깊을수록 좋다)

플레이 볼!

1 찬물을 세게 튼다.

2 흐르는 물의 폭을 수도꼭지 가까이에서 한번 관찰하고 다시 싱크대 바닥 가까이에서 관찰한다.

투미닛 워닝!

물을 필요 이상으로 틀어버리지 않도록 주의한다.

프리스비의 앞 가장자리는 곡선을 이루고 있고 바닥은 납작하다. 비행기 날개의 에어포일 디자인과 흡사하다. 베르누이의 공식이 여기에도 적용된다. 곡면을 지나는 공기의 속력이 높아지면 반대편 공기보다 압력이 낮아진다. 그러면 반대편 공기가 프리스비를 밀어 올리면서 양력을 제공한다. 베르누이의 공식에 언급된 유체는 공기와 같은 기체뿐만 아니라 수돗물과 같은 액체도 포함한다. 물이 수도꼭지에서 흘러나오면서 가속도가 붙으면 압력이 낮아지고 싱크대에 다다를 즈음에는 폭이 좁아진다.

Chapter 6

이기는 과학의 스포츠, 라켓과 클럽

과학과 스포츠가 정면으로 만나는 분야라 할 수 있다. 장비가 워낙 중요하기 때문이다. 골프 잡지를 펼치면 드라이버 잘 치는 법, 롱 퍼트 성공시키는 법, 평정심 유지하는 법 등을 설명하는 기사가 수도 없이 실려 있다. 광고는 더 많다. "이 신형 그립을 경험해보라," "힘과 거리를 위해 설계된 클럽 헤드," "이 퍼터로 홀인에 성공하자" 등의 문구로 독자를 홀린다.

테니스는 어떤가? 라켓 두 개와 공 하나만 있으면 되지 않냐고? 속단하지 말자. 1970년대 테니스 경기 영상을 몇 개만 훑어 봐도 엄청난 변화가 있었음을 알 수 있다. 당시 쓰던 라켓은 헤드가 매우 작고 나무로 되어 있었다!

그렇다. 과학 기술은 이런 스포츠와 긴밀히 연관돼 있다. 과학은 장비를 발전시키기도 하지만 우리 신체의 역량을 향상시키는 데 도움을 주기도 한다. 이제부터 그 원리를 살펴보자.

테니스 서브에 힘을 싣는 방법

요즘 프로 테니스 선수들의 서브는 대개 시속 195~210km 정도 된다. 현대 테니스는 "힘의 경기"가 됐다. 수십 년 전에는 최상위권 선수가 한 경기에서 서브 에이스를 평균 10개 기록했지만 요즘은 25개를 웃돈다. 무엇이 이런 힘의 시대를 열었을까? 프로선수들은 개인 트레이너와 영양사, 그리고 최신 라켓의 도움을 받는다. 특수 소재로 만드는 라켓

헤드와 프레임이 과거엔 상상 속에서나 가능했던 서브를 현실로 만들어주고 있다. 하지만 최상위권이 아닌 선수들은 그런 라켓을 사용해도 여전히 서브가 약하다고 느낀다. 왜 그럴까? 아주 단순한 기술이 서브에 실리는 힘의 차이를 만들어낸다.

'웨이터 서브'라고?

테니스 초보자나 중급자의 가장 큰 문제는 서브한 공이 라인을 벗어날까 염려되어 "웨이터 서브"라고 불리는 안전한 플레이를 한다는 점이다(웨이터는 쟁반을 지면과 평행으로, 어깨 높이에서 받쳐든다. 초보자가 지나치게 신중하게 서브하면 라켓이 딱 그 쟁반이 된다. 이 자세에서 라켓을 내리치면 마치 파리채를 휘두르는 꼴이다). 라켓 헤드의 정면 대신 옆면이 하늘을 향하도록 해서 머리 뒤로 치켜들었다가 휘두른다고 상상해보자. 휘두르는 방법은 같지만 공을 치는 마지막 순간에 손목을 뒤집어 헤드의 정면이 공을 향하게 한다. 이를 회내운동(손바닥이 아래쪽을 향하게 뒤집는 움직임-옮긴이)이라 하는데, 서브에 실리는 힘은 바로 이 동작에서 나온다.

회내운동은 물체를 회전시키는 물리력인 토크의 한 형태다. 사람들은 그냥 걸어 다닐 때도 자연스럽게 이 동작을 수행하고 있다(발도 회내운동을 할 수 있다). 이번 실험에서 회내운동의 원리를 확인하고, 생체역학을 이용해 경기에서 승리하는 방법을 찾아보자.

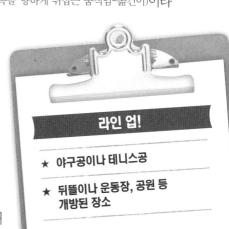

라인 업!

★ 야구공이나 테니스공

★ 뒤뜰이나 운동장, 공원 등 개방된 장소

플레이 볼!

1 공을 손에 쥔다.

2 손바닥이 바닥을 향하도록 한다.

3 팔을 한껏 뒤로 뻗어서 손이 머리 뒤로 가게 만든다. 그러나 손목은 고정시켜서 손이 비틀어지지 않게 해야 한다.

투미닛 워닝!

두 차례의 공 던지기에서 차이점은 손목의 움직임으로 국한되어야 한다. 절대 다리를 움직이면 안 된다.

4️⃣ 팔을 다시 앞으로 뻗으면서(손목은 고정시킨다) 공을 던진다.

5️⃣ 공이 얼마나 멀리 나갔는지 확인하고 주워온다.

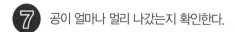

6️⃣ 이번에는 평소에 던지던 대로 공을 던진다 (단, 이전과 마찬가지로 다리는 움직이지 않는다).

7️⃣ 공이 얼마나 멀리 나갔는지 확인한다.

슬로모션 리플레이! ▶▶

1~4단계는 웨이터 서브다. 손목을 고정시켰기 때문이다. 6단계는 야구처럼 손목을 바깥으로 돌려서 힘을 증강시키는 방법으로(오른손잡이는 오른쪽으로, 왼손잡이는 왼쪽으로 돌린다), 깨닫지 못했겠지만 프로선수들이 사용하는 파워 서브 회내운동 기술이다. 두 번째 투구가 훨씬 멀리 나간다. 이 실험에서 측정된 거리는 테니스 서브의 속력과 같다. 손목을 가볍게 돌림으로써 라켓 헤드의 속력이 올라가고 그 속력이 서브의 속력으로 연결된다.

테니스공에는 왜 솜털이 나 있을까?

"새 공 주세요." 테니스 경기를 보면 심판이 아홉 게임마다 이런 요구를 한다. 규정상 그렇게 해야 한다. 테니스는 공의 상태가 경기에 큰 영향을 미칠 수 있는 몇 안 되는 종목 중 하나다. 라켓 크기는 테니스나 스쿼시나 그리 큰 차이가 나지 않는데, 테니스공은 매우 빠르게 망가진다. 테니스 선수들이 공을 칠 때 무시무시한 회전을 넣기 때문에 그렇

다. 묵직한 포핸드 톱스핀이나 백핸드 슬라이스를 만들어내려면 테니스 라켓의 그물이 한동안 공에 닿은 상태로 머물러 있어야 한다. 테니스공에 보송보송한 솜털이 있어야 이런 기술이 발휘될 수 있다.

사라지는 솜털의 비밀

세레나 윌리엄스의 강력한 톱스핀이든 로저 페더러의 옆으로 미끄러지는 백핸드 백스핀이든, 테니스의 숏은 라켓의 그물로 공을 붙드는 능력에 의해 좌우된다. 라켓 그물의 장력(팽팽한 정도)과 소재가 도움을 주긴 하지만, 일단 공이 가장 중요하다. 최상위권 선수들이 강력한 숏을 주고받으며 긴 랠리(양측의 득점 없이 공을 계속 주고 받는 상태)를 이어갈 경우 테니스공은 라켓과 코트 바닥에 닿을 때마다 마찰을 겪기 때문에 보송보송한 솜털이 금세 닳아 없어진다. 그래도 왜 테니스공에 솜털이 있는지 이유를 모르겠다고? 이 실험에서 라켓 줄의 입장이 돼 보라!

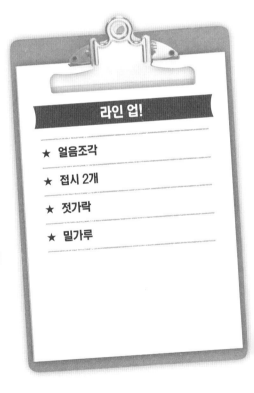

라인 업!

★ 얼음조각

★ 접시 2개

★ 젓가락

★ 밀가루

플레이 볼!

1 얼음을 접시에 놓는다.

2 젓가락으로 들어본다.
아마 불가능할 것이다.

투 미닛 워닝!

젓가락의 소재는 상관없다. 미끌미
끌할수록 이 실험에 적합하다.

③ 밀가루를 다른 접시에 쏟아 붓고
얼음을 그 위에 굴려 밀가루를 입힌다.

④ 젓가락으로 들어본다.
이번에는 쉽게 들릴 것이다.

슬로모션 리플레이! ▶

얼음조각은 솜털 없이 밋밋한 테니스공이고 젓가락은 라켓 그물이다. 그물
이 공을 붙들어서 상대방을 현혹하는 회전을 주려면 그물과 공이 충돌했을
때 적절한 마찰이 일어나야 한다. 솜털이 그러한 마찰을 제공한다. 얼음조각
에 입힌 밀가루가 바로 그 솜털이다.

테니스 코트의 표면이 정말 중요할까?

아이스하키는 아이스링크 위에서, 워터폴로는 수영장에서, 축구는 잔디밭에서 해야 한다. 하지만 테니스는 어떤 표면에서든 즐길 수 있다(그 옛날 쓰인 복잡하기 짝이 없고 끝도 없이 이어지는 테니스 규정집에서는 놀랍게도 코트 재질은 거론하지 않았다). 4대 그랜드슬램대회의 테니스 코트도 저마다 재질이 다르다. 각각 아스팔트, 클레이(점토), 앙투카(벽돌 흙), 잔디 코트에서 열린다. 코트 표면에 따라 최적의 플레이 방식이 달라지기 때문에 우

승자를 결정짓는 요인이 되기도 한다. 코트의 소재는 선수에게 날아오는 공의 높이와 속도에 영향을 미쳐 받아 칠 시간적 여유가 많아질 수도, 적어질 수도 있다. 그런데 어떻게 코트 표면이 "빠른지" 아니면 "느린지" 측정할까?

마찰계수와 반발계수가 중요한 이유

테니스 코트 표면의 속성을 분석하는 과학자들은 마찰계수와 반발계수(여기서 계수는 단순히 물질의 속성을 나타내는 수치이다)를 주로 언급한다. 마찰은 운동에 저항하는 물리력이니 당연히 테니스 코트의 핵심요소가 된다. 반발은 표면에서 공이 튀어 오르는 정도를 나타낸다. 선수들은 종종 코트가 "빠르다"거나 "느리다"고 말한다. 빠른 코트일수록 선수의 반사신경이 좋아야 한다. 마찰계수와 반발계수가 낮아 공이 그만큼 덜 튀어 오르기 때문이다. 그럼 어떤 코트가 가장 빠를까? 이 실험은 마찰을 측정하는 방법에 대해 알아본다.

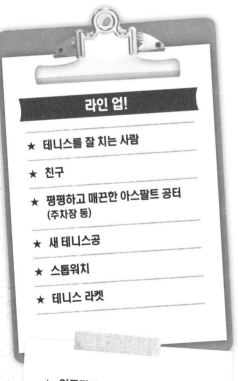

라인 업!

★ 테니스를 잘 치는 사람

★ 친구

★ 평평하고 매끈한 아스팔트 공터 (주차장 등)

★ 새 테니스공

★ 스톱워치

★ 테니스 라켓

★ 인조잔디 매트

★ 모래

★ 연필과 종이

플레이 볼!

주: 테니스를 조금이라도 더 잘 치는 사람이 실행을 하고
   나머지는 시간을 잰다.

1 매끈한 아스팔트 공터를 찾아서
   선수는 공을 몇 번 튕기며 몸을 푼다.

2 30초 동안 선수가 몇 번
   공을 튕길 수 있는지 센다.

투미닛 워닝!

실제로 다양한 소재로 된 테니스 코트
위에서 실행하면 더 정확하겠지만 그
런 기회를 얻기는 쉽지 않다.

3 4번 더 반복해서 가장 높은 수치를 구한다.

4 인조잔디 매트를 깐다.

5 매트 위에서 2, 3단계를 반복한다.

6 매트를 치우고 아스팔트에 모래를 얇게 깐다.

모래

7 모래 위에서 2, 3단계를 반복한다.

슬로모션 리플레이! ▶▶

이 실험은 표면 소재가 다르면 마찰도 달라진다는 사실을 보여준다. 가장 마찰이 강한 표면에서는 공이 다시 튀는 횟수가 가장 적다. 실제 가장 마찰이 강한 클레이 표면에서는 공의 속력이 줄어 운동량이 줄어들고 상대방이 맞받아칠 시간도 더 생긴다. 그래서 랠리도 길어진다. 아스팔트는 마찰이 클레이보다는 적어 랠리도 짧아진다. 마찰이 거의 없는 표면은 잔디다. 대표적 잔디코트인 윔블던에서는 파워 게임이 가능하다. 특히 잔디가 젖어 있으면 공이 더 빨라져서 극적인 장면이 연출된다.

골프 샷을 날리기 전에 도움닫기를 하면 어떻게 될까?

골프 전문가들은 드라이브 샷을 준비할 때 다음과 같은 조건을 갖춰야 한다고 입을 모은다. 두 발을 제자리에 놓고, 똑바른 자세로 서서, 앞쪽 팔꿈치를 고정시키고, 올바른 그립으로 채를 잡아야 한다는 것이

다. 그래야 스윙을 긴 드라이브 거리로 전환할 수 있는 균형이 갖춰진 다고 강조한다. 그런데 정말 그럴까? 미국의 한 인기 코미디 영화 〈해 피 길모어〉에서는 아이스하키 선수가 등장하여 골프를 배우면서 아이 스하키 기술을 그대로 적용해 웃음을 자아냈다. 제자리에 서 있지 않고 달려와서 드라이브 샷을 했던 것이다. 과연 성공적이었을까?

일단 스윙해보기

이 실험은 아주 재미있을 것이다. 도움닫기 드라이브 샷이 과연 가능 한지 알아볼 텐데, 거리와 정확성이 생명인 골프의 본질을 반영해 실험을 설계 했다. 두 가지 모두 확보하는 방법을 손쉽게 찾는다면 좋겠지만, 직접 채를 휘둘러보기 전에는 아마 그럴 수 없을 것이다.

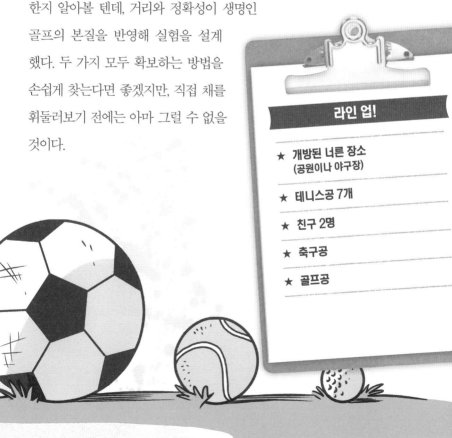

라인 업!

★ **개방된 너른 장소**
   (공원이나 야구장)

★ **테니스공 7개**

★ **친구 2명**

★ **축구공**

★ **골프공**

플레이 볼!

1 티 위치를 정하고 친구들에게 테니스공을 3개씩 나누어준다.

2 친구 A에게 티로부터 10걸음 왼쪽으로 가라고 하고
친구 B에게는 10걸음 오른쪽으로 가라고 한다.

3 친구들에게 애초 간격을 유지하면서 15걸음 앞으로 가라고 한다.
테니스공 하나를 멈춘 지점에 놓는다.

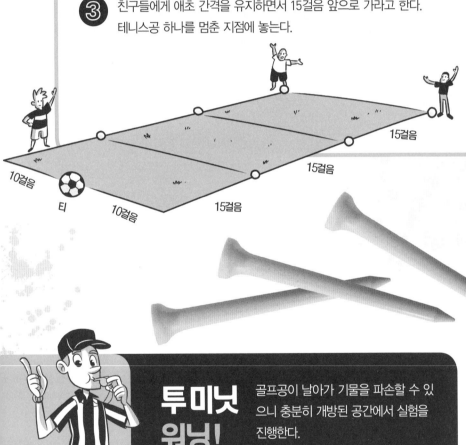

10걸음

티

10걸음

15걸음

15걸음

15걸음

투 미닛
워닝!

골프공이 날아가 기물을 파손할 수 있
으니 충분히 개방된 공간에서 실험을
진행한다.

④ 다시 15걸음 더 앞으로 걸어나가서 공을 내려놓고
거기서 15걸음을 더 걸어나가 마지막 공을 내려놓는다.
이 테니스공 3개가 경계선을 의미한다.

⑤ 축구공을 티에 놓고 가만히 서 있다가 힘껏 찬다.
경계선은 넘어가지 않도록 주의한다.

⑥ 축구공을 다시 티에 놓고
이번에는 멀리서 달려와서 찬다.

⑦ 테니스공과 골프공으로 5, 6단계를
반복한다.

슬로모션 리플레이! ▶▶

영화 〈해피 길모어〉에서 주인공은 그만의 접근법으로 큰 규모의 골프 대회에서 우승한다. 하지만 실제 실험의 결과는 달랐을 것이다. 뒤에서 달려나가 찬 두 번째 슛이 아마 거리는 더 멀리 나갔을 것이다. 뉴턴의 제2법칙에 따르면 가속도가 높을수록 물리력도 증가한다. 한데 정확도는? 골프공을 맞히려면 정밀성이 뒷받침되어야 한다. 전문가들의 말이 맞다. 도움닫기를 하면 멀리 나가는 대신 정확도가 떨어지고 공이 엉뚱한 방향으로 날아갈 수 있어 골프에서는 의미가 없다.

골프공은 왜 움푹 파여 있을까?

골프의 기본 원칙은 단순하다. 18개 홀에 공을 넣는 동안 누가 가장 적은 타수를 기록하는지 겨룬다. 타수가 적을수록 우월한 것이다. 410m 긴 홀에서 티(첫 타석)에 올랐다면 첫 숏을 가능한 멀리 보내야 유리하다. 그런데 공이 뭔가 잘못됐다. 볼우물처럼 움푹 팬 자국으로 온통 덮여 있다. 다른 선수들의 공도 죄다 그렇게 생겼다. 도대체 이유가 뭘까?

골프공의 볼우물

골프공에 처음부터 그런 자국이 있지는 않았다. 오래 전에는 표면이 매끈했다. 그러다 흠집이나 홈이 팬 공이 더 멀리 날아간다는 사실이 알려졌고, 선수들은 저마다 공에 흠집을 내기 시작했다. 그렇게 하면 분명히 비거리가 늘어나긴 했는데, 흠집이 일정치 않을 경우 엉뚱한 방향으로 날아가는 맹점이 있었다. 그러자 골프공 디자이너들이 (그렇다! 골프공만 디자인하는 직업이 있다!) 공 전체에 움푹 팬 자국을 만들어 넣었다. 공 하나당 규칙적으로 배열된 홈이 보통 336개가 있다. 이런 자국, 흠집, 홈은 어떤 도움을 줄까? 과학적 설명이 가능한데, 이번 실험에서 직접 확인할 수 있다.

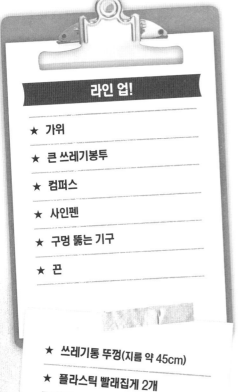

라인 업!

★ 가위

★ 큰 쓰레기봉투

★ 컴퍼스

★ 사인펜

★ 구멍 뚫는 기구

★ 끈

★ 쓰레기통 뚜껑(지름 약 45cm)

★ 플라스틱 빨래집게 2개

플레이 볼!

① 쓰레기봉투를 세로로 가르고
바닥 쪽을 가로로 갈라 비닐 2장을 만든다.

② 컴퍼스를 이용하여 그중 하나에
지름 25cm 원을 그린다.

③ 원을 잘라내고 원 중앙에 구멍을 뚫는다.

④ 원의 둘레를 따라
구멍을 6개 뚫는다
(간격이 일정해야 한다).

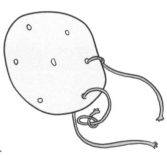

⑤ 끈을 50cm 길이로
6개 자른 뒤 끈의 끝을
6개 구멍에 각각 꿴 후 매듭짓는다.

⑥ 나머지 쓰레기봉투 조각에 쓰레기통이나 쓰레기통 뚜껑을 놓고
그 둘레를 따라 연필로 표시하여 원을 그린 후 오린다.

투 미 닛
워닝!

안전한 실험이다. 비닐 외의 소재를
활용하고 비교해보아도 재밌다.

7 3~5단계를 나머지 쓰레기봉투 조각으로 반복한다.

8 봉투 조각에 연결되지 않은 끈 끝을 모아서 한데 매듭을 지어 낙하산 2개를 만든다.

9 각 매듭에 빨래집게 하나씩 매단다.

10 의자나 사다리에 올라가서 한 손에 낙하산을 하나씩 들고 있는다. 간격을 충분히 유지하되 높이는 같아야 한다.

11 셋을 세면 동시에 놓고 어느 쪽이 땅에 먼저 떨어졌는지 확인한다.

슬로모션 리플레이! ▶▶

"항적(비행체가 지나간 자취–옮긴이)"이 더 좁은 작은 낙하산이 먼저 땅에 닿았을 것이다. 항적이 넓으면 속력이 줄어든다. 마찬가지로 골프공에 홈을 파면 날아갈 때 항적이 좁아진다. 공기가 이동하는 공에 더 오래 달라붙어 있도록 일종의 난류를 형성하기 때문이다. 항적이 작으면 항력이 낮다. 그래서 공이 더 멀리 날아갈 수 있다.

완벽한 퍼터의 조건은 무엇일까?

골프 선수들은 골프 코스에 맞서서 또는 다른 선수와의 경쟁에서 승리하기 위해 미친 듯이 골프의 과학을 연구한다. 경주용 자동차 기술이 궁극적으로는 일반 승용차에 적용되는 것처럼 골프 공학도 다른 스포츠에 적용될 수 있다. 예를 들어 골프채의 재질은 야구 배트와 테니스 라켓보다 수십 년 앞서서 나무에서 신소재로 바뀌었다. 특히 퍼터(골프채 중 한 종류

로 그린의 골프공을 홀에 밀어넣기 위해 사용한다.)는 골프 장비 가운데 디자인이 가장 자주 바뀐다. 퍼터의 어마어마한 발전을 가능하게 만들었던 단순한 과학적 원리 몇 가지를 알아보자.

홀을 향하여!

골프의 성패가 정신상태에 달려 있다는 사실에는 이견이 없다. 사람들은 홀이 실제보다 더 크다는 자기 최면을 통해 퍼팅을 성공시키기도 하고, 입스(스윙 전 슛 실패에 대한 두려움으로 발생하는 불안 증세로 마치 팔이 간질거리는 듯한 느낌이 든다.-옮긴이)에 시달리기도 한다. 하지만 장비의 발전도 결코 무시할 수 없다. 오랜 세월을 거치며 골프채와 골프공에 첨단 기술이 더해져 샷의 예측 가능성이 높아졌고 더 멀리 나가게 되었다. 이 실험에서는 퍼팅의 정확도를 높여주는 기본 디자인 원리를 살펴본다.

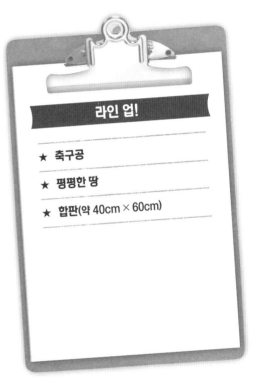

라인 업!

★ **축구공**

★ **평평한 땅**

★ **합판(약 40cm × 60cm)**

플레이 볼!

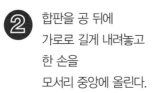

1 공을 땅에 가만히 내려놓는다.

2 합판을 공 뒤에
가로로 길게 내려놓고
한 손을
모서리 중앙에 올린다.

3 공이 골프공 역할을 하고
합판이 퍼터 페이스(공에 맞는 부위) 역할을 한다.

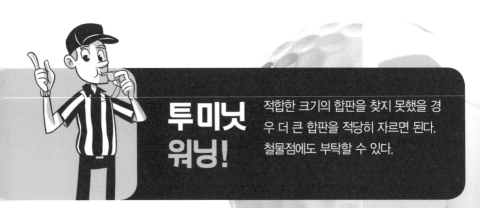

투미닛 워닝!

적합한 크기의 합판을 찾지 못했을 경우 더 큰 합판을 적당히 자르면 된다. 철물점에도 부탁할 수 있다.

4 합판을 퍼터 스윙하듯 뒤로 뺐다가
앞으로 뻗어 살짝 오른쪽 혹은
왼쪽으로 공을 친다.
합판이 약간 휘면서
공이 똑바로 나아가지
않을 것이다.

5 공을 다시 제자리에
가져다 놓고 다시 한 번 살짝
오른쪽이나 왼쪽으로 퍼팅한다.
이번에는 양손으로 양모서리를 단단히 잡고 친다.
퍼터가 흔들리지 않아 공이 똑바로 나아갈 것이다.

슬로모션 리플레이!

이 실험에는 퍼팅의 과학 원리인 관성모멘트(물체가 회전운동을 유지하려는 에너지)가 적용된다. 골프채 디자이너들에게 있어 관성모멘트는 골프채 페이스가 충격을 받았을 때 얼마나 휘게 만들 것인가와 관련이 있다. 채의 페이스가 휘면 공이 마음 먹은 방향으로 나아가지 않기 때문이다. 아주 오래 전 사용되었던 일명 "핫도그 퍼터"는 관성모멘트가 낮아서 공 맞추는 지점이 중심을 아주 살짝 벗어나기만 해도 이리저리 휜다. 반면 요즈음 퍼터는 양끝에 무게를 주어 관성모멘트가 높기 때문에 공 맞추는 지점이 중심을 벗어나도 퍼터가 잘 휘지 않는다.

Chapter 7

물리적 별세계를 누비는 수상 스포츠

바다며 수영장을 찾아 즐기면서도 과학 탐구를 해볼 수 있는 기회가 드디어 찾아왔다. 수상 스포츠가 매력적인 것은 접하기 쉬우면서도 육지와 전혀 다른 물리적 법칙들이 적용되는 별세계이기 때문이다. 수영의 4가지 영법 중 무엇이 가장 빠르고, 또 그 이유는 무엇일까? 서핑을 시작하기에 적합한 나이는 따로 있을까? 무엇보다 대체 어떻게 바람을 거슬러 항해할 수 있을까? 이 모든 질문은 과학적 답변이 가능하며, 답변을 일상에 적용함으로써 실용적인 효과까지 거둘 수 있을 것이다. 각 질문의 도입부를 읽고 나면 곧바로 물속으로 다이빙을 해서 실험을 시작하고 싶어질 것이다. 다이빙 얘기가 나와서 말인데, 이 책은 "배치기"를 하면 왜 그리 아픈지 알아보는 고통스러운 실험으로 끝이 난다. 일종의 스포츠와 과학이 만나는 질문으로 큰 의미가 있다. 답을 찾는 순간 그 고통에서 벗어날 수 있을 것이다.

어떤 영법이 가장 빠를까?

올림픽 수영 선수들은 길이 50m 수영장을 매우 빠른 속도로 여러 번 왕복한다. 경기를 관전하다 보면 멀미가 날 지경이다. 그래도 자세히 보면 자유영, 접영, 배영, 평영 등 4가지 영법의 랩 타임(트랙을 한 바퀴 돌 때 걸리는 시간-옮긴이)에 꽤 차이가 있음을 알 수 있다.

추진력을 극대화하면서 동시에 물의 저항을 최소화해야 효율적으로 헤엄을 칠 수 있다. 4가지 영법의 차이는 이 균형에 이르는 방법이 각기 다르기 때문이다. 대부분의 스포츠가 그렇듯이 전문가의 기술을 유심히 관찰하면 자신의 랩 타임을 단축하는 데 도움이 된다.

구슬로 알아보는 속도

영법의 속도 차이를 초래하는 요소는 많다. 각 영법은 선수에게 규정된 자세와 기법을 요구하고 이는 기록에 영향을 미친다. 예를 들어 평영을 할 때 두 팔은 항상 물속에 잠겨있어야 한다. 이 때문에 속도는 느려질 수밖에 없다. 접영은 몸이 강을 오가는 옛 바지선인양 가슴이 물에서 쟁기질하듯 움직이도록 규정돼 있어 역시 속도를 제한하는 요인이 된다. 카리브 해의 날치는 세계에서 가장 빠른 물고기 중 하나인데 그 속도는 주로 물 밖으로 튀어 올라 공기 중에서 이동할 때 확보된다. 물속에서 움직이면 그렇게 느려질 수밖에 없는 것일까? 아주 간단한 실험을 통해 알아보자.

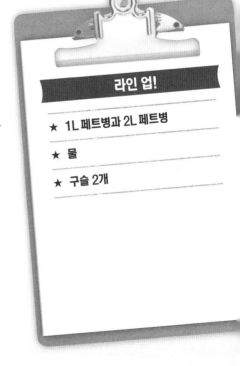

라인 업!

★ 1L 페트병과 2L 페트병

★ 물

★ 구슬 2개

플레이 볼!

1 작은 페트병에 물을 채운다.

2 빈 페트병과 나란히 세운다.

3 구슬을 각 페트병 입구에 가져다 댄다.

4 셋을 세면 구슬을 동시에 놓는다.

5 어떤 구슬이 바닥에 먼저 닿는지 확인한다.

투미닛 워닝!

구슬을 떨어뜨리기 전 가만히 들고 있어야 한다. 구슬이 물에 닿아 물결을 일으키면 결과가 달라질 수 있다.

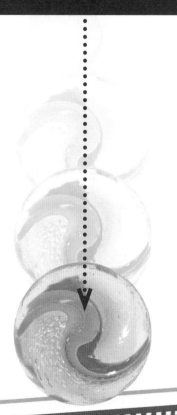

슬로모션 리플레이! ▶▶

물이 공기보다 항력을 더 많이 생성한다. 공기(즉, 빈 페트병)를 통과하는 구슬은 더 빨리 떨어진다. 그래서 물속에 팔이 잠겨 있어야 하는 평영이 가장 속도가 느린 것이다. 나머지 3가지 영법은 팔이 공기를 가르며 움직이기 때문에 더 빠르다.

모터 없이 바람을 거슬러 항해하기

짐을 잔뜩 실은 거대한 범선이 어떻게 선장 지시대로 방향을 바꿔 항해할 수 있는지 궁금했던 적은 없었나? 가고자 하는 방향으로 바람이 바뀔 때까지 한없이 기다리지도 않을 텐데 말이다. 실제로 작은 배들도 바람을 이겨내기란 불가능해 보이는데 어떻게 마음대로 방향을 바꾸는지 궁금해진다. 물론 바람이 부는 방향대로 항해하는 원리는 이해하기

쉽다. 바람의 방향으로 닻을 올리면 그만 아닌가! 그런데 대체 바람의 반대 방향으로 어떻게 항해할 수 있을까?

바람을 역이용하다

그렇다. 바람을 거슬러 올라가는 항해는 가능하다. 하지만 정면으로 거스를 순 없다. 콜럼버스나 마젤란, 심지어 잭 스패로도 못한다. 물리학은 몰라도 지난 수천 년 동안 항해사들은 이 문제의 해법을 찾기 위해 애썼다. 비결은 불어오는 바람을 향해 지그재그로 나아가는 "침로 바꾸기"다. 바람에 비스듬히 진행하는 지그재그 코스에서 각각의 직선 항로를 침로라 한다. 바람은 우현 침로에서 돛의 한 면을 부풀게 했다가 좌현 침로로 바꾸면 반대쪽을 부풀린다. 각각의 침로에서 바람이 돛을 밀어 항로를 벗어나게 하려 할 때 아이작 뉴턴의 법칙이 적용된다. "모든 작용에는 크기가 같고 방향이 반대인 반작용이 있다"(뉴턴의 제3법칙)는 말을 기억하는가? 바람이 불어와 돛을 부풀리고 튕겨 나오면 그 방향이 바뀐다. 이는 배가 옆으로 밀리도록 만든다. 하지만 배는 물에 잠긴 부분에 지느러미 같은 용골이 있어 방향을 바꾼 바람에 반작용을 제공한다. 이 두 힘이 서로를 상쇄해 배가 계속 전진할 수 있다. 돛을 부풀리고 튕겨 나온 바람의 방향 전환을 이번 실험에서 간단하게 확인할 수 있다.

라인 업!

★ 잡지

★ 표면이 평평한 탁자

★ 탁구공

플레이 볼!

1 잡지를 수직으로 들어서 탁자에 세운다.
(바람을 안은 돛이 된다.)

2 잡지를 몸 쪽으로 살짝 구부린다.
위에서 내려다봤을 때
알파벳 C 모양이 되어야 하며
책등이 나를 향하고 있어야 한다.

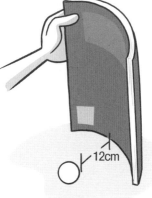

3 잡지 중심으로부터 약 12~13cm
떨어진 지점에 공을 놓는다.

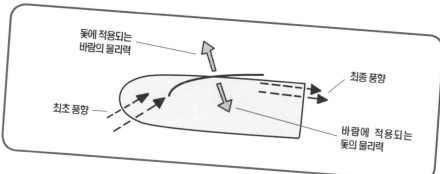

돛에 적용되는
바람의 물리력

최종 풍향

최초 풍향

바람에 적용되는
돛의 물리력

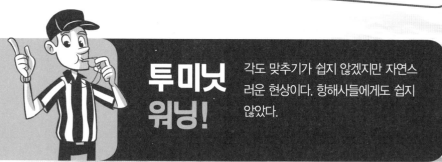

투미닛
워닝!

각도 맞추기가 쉽지 않겠지만 자연스러운 현상이다. 항해사들에게도 쉽지 않았다.

4 입을 탁자 높이로 가져가서
구부린 잡지 안쪽으로 입김을 분다.

5 공이 대각선 방향이 아니라
잡지로부터
오른쪽 직선 방향으로
굴러갈 것이다.

슬로모션 리플레이! ▶

돛단배가 바람 반대 방향으로 나아갈 수 있도록 돕는 작용과 반작용 법칙을
실험해 보았다. 공은 오른쪽으로 굴러갔다. 입김이 아주 세다면 잡지를 돛처
럼 펄럭이게 만들 수도 있을 것이다. 실제 배에는 용골이라는 것이 장착되어
있어 배가 대각선으로 비스듬하게 나아가지 않도록 막는 제동장치 역할을
한다. 여기서 뉴턴이 등장한다. 펄럭이는 돛이 배를 대각선으로 움직이려 하
고 용골이 똑같은 힘으로 여기에 반작용을 하면 배는 어느 방향으로 나아가
게 될까? 물론 전진한다. 엄지와 검지 사이에 구슬을 들고 있다고 상상해보
자. 두 손가락은 돛과 용골이 된다. 계속해서 손가락으로 힘껏 구슬을 누르
면 배처럼 앞으로 튀어나가게 될 것이다.

| 종목 | 서핑 | 소요시간 · · · · · · · · · · · · · · 2분 |

서핑은 누가 잘할 수 있을까?

서핑 선수들이 파도를 타면서 기기묘묘한 재주를 선보이는 장면을 본 적이 있을 것이다. 보기만 해도 스릴이 느껴지는 모습에 누구든 도전하고 싶어진다. 그러나 보통 서핑은 체격 좋은 남자들의 전유물처럼

그려진다. 하지만 굳이 따져보자면 서핑이 과연 여자보다 남자에게 유리한 스포츠일까? 과학은 뭐라고 답할까?

정작 중요한 건 따로 있다

작은 파도는 체격이 작을수록 훨씬 타기 수월하다. 작은 파도의 물리력은 체격이 큰 사람을 태워 전진시키기에는 부족하기 때문이다. 그렇다면 체격이 작은 아이나 여성이 서핑 또한 더 잘하는 걸까? 꼭 그런 건 아니다. 서핑에는 한 가지 요소가 더 있다. 바로 무게중심이다. 무게중심이 낮을수록 균형 감각과 기동성이 더 좋기 때문에 파도 위에서 중심을 더 잘 잡는다. 머리는 어릴 때 발달을 멈추지만 몸의 근육은 성인이 되고 나서도 발달하기에 보통 성인이 무게중심이 더 낮다. 하지만 그렇다면 둘 다 성인인 남성과 여성의 경우는 어떨까?

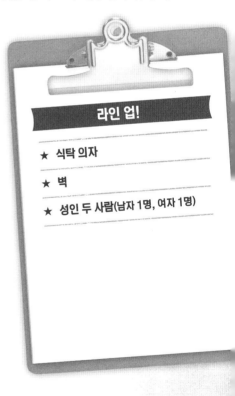

라인 업!

★ 식탁 의자

★ 벽

★ 성인 두 사람(남자 1명, 여자 1명)

1. 의자 옆면이 벽과 나란하도록 놓는다.

2. 남성이 벽을 보고 선다. 발은 의자로부터 약 30cm 떨어진 곳에 둔다. 등을 곧게 펴고 앞으로 몸을 기울여서 머리를 벽에 댄다.

3. 그 상태로 양팔을 내려서 의자를 잡고 몸을 세우려고 해본다. 아마 불가능할 것이다.

투미닛 워닝!

의자가 너무 높지 않아야 한다. 접이식 의자도 실험에 적합하다.

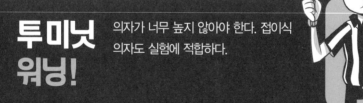

이번에는 여성에게
2, 3단계를 되풀이 해달라고
부탁한다. 이번에는 될 것이다.

슬로모션 리플레이! ▶▶

남자와 여자는 신체 구조가 다르다. 그래서 무게중심도 다르다. 여자의 근육 조직은 대부분 낮은 곳에 있어서 남자에 비해 무게중심이 더 낮다. 남자는 의자를 들었을 때 의자보다 무게중심이 높아서 몸을 세울 수가 없다. 여자는 무게중심이 엉덩이에 가깝기 때문에 의자를 들어 올리면서 몸을 곧추세우기가 쉽다.

물수제비의 원리는 무엇일까?

지구가 공전하는 이유는 무엇일까, 식물이 광합성을 하는 이유는 무엇일까, 빛은 얼마나 빠를까 등등 심각한 주제 외에도 수백 년 동안 과학자들이 끌어안고 씨름했던 문제가 하나 있다. 바로 물수제비의 원리다. 보통 물수제비를 4, 5차례만 떠도 신기해 보이는데 세계 챔피언은 무려 88차례나 성공했다고 하니 그야말로 대단하지 않은가? 대체 물수제비는 어떻게 가능한 것일까?

물 위에 돌이 뜨는 비결

돌멩이는 하향 물리력으로 물과 접촉한다. 표면장력 때문에 수면이 견고하여 돌멩이가 깊이 들어가지는 못하고 또한 물에서 반작용이 되는 상향 물리력이 발생한다(뉴턴의 제3법칙). 돌멩이와 물의 첫 접촉(과학용어로는 충돌)은 완전한 탄성충돌이 아니었고, 돌멩이의 운동에너지 일부가 소음, 물보라, 진동 등으로 전환되어 돌멩이의 속도가 느려졌다. 동시에 손목을 살짝 트는 동작 때문에 회전이 더해져 다음 접촉까지 가는데 돌의 수평 위치가 거의 바뀌지 않았다. 그러나 결국 돌멩이는 수평 위치가 흐트러져 물에 가라앉게 된다.

물수제비를 여러 번 뜨는 비결은 납작하고 평평한 돌멩이를 사용하는 것과 회전을 많이 주어 초기 속력을 높이는 것이다. 만약 내년에 스코틀랜드에서 열리는 물수제비 챔피언십(그렇다, 실제 있는 대회다)에 참가하고 싶다면 바로 이 비결에 주목해야 한다. 물수제비 기계(그렇다, 이 기계도 실제로 있다)를 만든 프랑스 과학자들도 이 특성을 고찰했다.

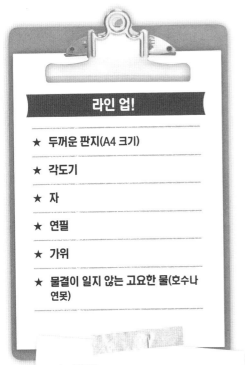

라인 업!

★ 두꺼운 판지(A4 크기)

★ 각도기

★ 자

★ 연필

★ 가위

★ 물결이 일지 않는 고요한 물(호수나 연못)

★ 편평한 돌
  (중간 크기 사과와 비슷한 무게)

★ 멋지게 돌을 던지고 싶은 튼튼한 팔

플레이 볼!

1 판지를 탁자에 놓고
각도기를 왼쪽 하단
모서리에 맞춘다.

2 20도 되는 지점에 점을 찍고
각도기를 치운 뒤
자로 모서리부터 점을 연결하는 선을 긋는다.

3 선을 따라 판지를 자른 뒤 20도 각도를
형성하는 쪽을 잘 놓아둔다.

4 물가로 가서 평소대로 물수제비를 떠본다.
5차례 시도해서 가장 여러 번 떠진
횟수를 기억해둔다.

투미닛 워닝!

솔직히 하나도 위험하지는 않다. 굳이
유의할 점이라면 돌을 15~20차례 던
지다 보면 마치 프로야구 주전 투수처
럼 팔이 아플 수 있다는 것이다.

⑤ 판지를 물가 바닥에 세우고
돌멩이를 위 모서리에 올린다.
수면과 돌멩이 사이 20도가
어느 정도인지 알 수 있을 것이다.

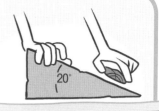

⑥ 다시 5차례 돌멩이를 던진다. 몸을 낮춰서 최대한 20도를 맞춘다.

⑧ 각도를 달리하며
5차례 더 시도한다.
어떤 각도에서
가장 결과가
좋았는지 확인한다.

슬로모션 리플레이! ▶

앞서 언급한 프랑스 과학자들은 물수제비 횟수를 최대한 높이기 위해 온갖
요인을 다 시험하고 관찰했다. 수온, 기온, 회전율, 던지는 속도, 돌멩이의 형
태와 무게까지 따졌는데, 그중에서도 받음각이 가장 영향력이 컸다. 받음각
은 돌멩이가 수면과 충돌하며 이루는 각이다. 물수제비 횟수를 최고치로 올
리는 각도는 다름 아닌 20도였다.

20도보다 작으면 돌멩이가 물속으로 바로 들어가버렸고 20도보다 크면 하
늘로 치솟았다가 물속으로 뚝 떨어졌다. 20도를 유지해야 표면장력의 도움
을 받아 돌멩이가 튀어 올라 앞쪽으로 계속 날아간다. 프랑스의 과학자들과
동의하는지 직접 실험해보자.

"배치기"를 하면 아픈 이유는?

다이빙을 시도하기 전 머뭇거리게 되는 이유가 단지 높이 때문은 아니다. 무턱대고 물에 뛰어들었다가 가슴과 배가 수면에 부딪혀 아팠던 기억이 여전히 남아 있기 때문일 테다. 한번 그렇게 부딪히고 나면 마치 심한 일광 화상이라도 입은 듯 온몸이 시뻘겋게 달아오르고 화끈거린

다. 이런 "배치기"를 피할 수 있는 방법은 없을까? 올림픽 대회에서 다이빙 선수들은 5~10m 높이에서 뛰어내린다. 그래도 별 탈이 없다. 멕시코 아카풀코에서는 35m 높이 절벽에서 뛰어내리는 사람들도 있다. 그들 중에서도 배가 아프다고 우는 사람은 없다. 무슨 차이일까?

표면장력 진압하기

다이빙에도 적용되는 과학 원리가 많다. 그중에서도 가장 중요한 개념이 표면장력이다. 수면에 가까워질수록 우리 몸의 운동에너지는 늘어난다. 그러다 배가 수면과 접촉하면서 운동이 갑자기 멈추면 운동에너지가 첨벙 하는 소리, 파도, 열(가슴과 배에 남는 화상 같은 느낌) 등 다른 에너지 형태로 바뀐다. 즉, 수면 상태와 그 수면을 뚫고 진입하는 지점이 중요한 것이다. 수면이 화학적 결합을 통해 단단해지면 배와 부딪혔을 때 거의 고체처럼 느껴질 수 있다. 한데 수면을 뚫고 진입하는 지점이 좁으면(즉, 다이빙 선수들처럼 손끝부터 들어가면) 그 결합이 잘려서 부딪혀도 아프지 않다. 다음 실험을 끝마칠 즈음에는 배치기 다이빙의 달인이 될 수도 있을 것이다.

라인 업!

★ 큰 대접
★ 종이클립
★ 키친타월
★ 찬물

플레이 볼!

1 대접에 찬물을 3분의 2 정도 채운다.

2 종이클립을 세로로 세워서 물속으로 떨어뜨린다. 똑바로 가라앉을 것이다.

3 종이클립을 꺼내고 키친타월로 닦은 뒤 끝부분을 구부려서 탁자에 눕혔을 때 구부린 부분이 수직으로 솟도록 만든다.

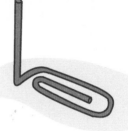

투 미닛 워닝! 4단계를 실행하기 전 물이 완전히 고요해지기를 기다려야 한다. 환경과 조건이 동일해야 하기 때문이다.

4 대접 속 물이 고요해지기를 기다렸다가
클립의 구부린 부분을 손가락으로 집어 든다.

5 클립이 수면에 닿을 때까지
천천히 내린다. 그런 뒤 클립을
놓으면 가라앉지 않고
물 위에 뜰 것이다.

슬로모션 리플레이! ▶

물과 부딪혔을 때 마치 고체인 듯 딱딱하게 느껴지게 만드는 표면장력은 화학적 과정의 결과다. 물은 수소와 산소 원자로 이루어져 있다. 수소는 강력한 화학적 결합으로 붙어 있는데 물결이 잔잔할 때 더 강해진다. 손을 좁게 오므려서 물속으로 넣으면(혹은 종이클립을 세로로 세워서 넣으면) 수소 결합이 느슨해진다. 그러나 넓은 면으로 물을 내려치면 수소의 벽과 정면대결을 하는 셈이 된다. 다이빙 경기에서는 수영장에 물을 계속 공급해서 물결을 일으킨다. 표면장력을 완화하기 위해서다. 다이빙 선수들도 적절한 각도로 다이빙을 하기는 하지만 수면도 그렇게 단단하지 않은 상태로 유지되는 것이다.

나오며

인간의 한계를 뛰어넘는 운동선수들의 기록과 기술을 보고 있자면 감탄만 나온다. 그저 훈련과 연습을 끝없이 반복한 덕분일까? 아니면 그들에게는 운이 따르고 있을까? 그도 아니면 정말 과학을 제대로 알고 활용했기 때문일까? 이 책을 읽고 있는 여러분 중 산 정상에서 스키 점프를 하거나 마라톤을 완주할 수 있거나 맨손으로 판자를 쪼갤 수 있는 사람은 몇 명 없을 것이다. 그러나 이 책을 읽고 나면 적어도 그런 기술 뒤에 어떤 과학적 원리가 작용하는 지는 확실히 알 수 있다. 베르누이의 공식은 비행기가 위로 뜨는 원리가 되기도 하지만 경주용 차가 도로에 안정적으로 붙어서 달리는 원리가 되기도 한다. 또 커브볼과 코너킥이 휘는 이유를 설명해준다. 이제 트램펄린에 오를 때마다 탄성충돌에 대해 생각해보게 될 것이며 뉴턴의 제2법칙, 에너지 보존의 법칙, 각운동량이 여러 가지 스포츠를 체험하고 관람할 때마다 뇌리에 떠오를 것이다. 한때 학교를 다니며 배웠던 것도 같지만 그 의미도 쓰임도 잊었던 물리학 용어들이 생생히 살아나고 그 작용을 일상에서 읽을 수 있게 되는 것 또한 멋진 일이다.

용어집

가속도: 운동하는 물체의 속도 변화

각운동량: 원을 그리며 움직이는 물체의 운동량. 물체의 속력은 회전운동의 중심에 가까워질수록 증가하고 멀어질수록 감소한다.

관성모멘트: 물체가 회전운동을 유지하려는 정도. 질량이 회전축으로부터 멀리 퍼져 있을수록 물체의 회전운동 유지가 어려워진다. 골프 퍼터의 헤드가 샤프트(회전축 역할을 하는 골프채의 손잡이) 양 옆으로 뻗어 나와 있으면 공과 맞부딪혔을 때 회전 가능성이 낮기 때문에 더 안정적이다.

구심력: 원형 경로로 이동하는 물체를 해당 경로의 중심을 향해 잡아당기는 물리력.

근육 기억: 반복적인 훈련을 통해 많은 생각을 하지 않아도 몸이 알아서 특정 활동을 할 수 있게 되는 상태

기압: 물체를 내리누르는 공기 혹은 대기의 물리력

난기류: 서로 속력이 다른 두 공기 덩어리가 충돌하면서 생기는 동요나 충격

뉴턴의 제1법칙(관성의 법칙): 외부 물리력이 작용하지 않는 한 움직이지 않는 물체는 계속해서 정지 상태를 유지한다. 마찬가지로 외부 물리력이 작용하지 않는 한 움직이는 물체는 속도를 유지한다.

뉴턴의 제2법칙(가속도의 법칙): 물체의 물리력은 질량에 가속도를 곱한 값과 같다.

뉴턴의 제3법칙(작용과 반작용의 법칙): 모든 작용에는 크기가 같고 방향은 반대인 반작용이 있다.

단순기계: 지렛대, 바퀴, 축, 도르래, 쐐기, 경사면, 나사 등 에너지 전이가 일어나는 기본 장치

마그누스 효과: 회전하는 물체의 모서리에 달라붙은 공기는 마찰로 인해 속도가 줄어든다. 이렇게 되면 베르누이의 공식에 따라 물체의 반대쪽 면에 있는 공기의 속도가 상승하고 압력이 내려간다.

마찰: 한 물체가 다른 물체와 접촉한 상태에서 움직이고 있을 때 이를 저지하거나 방해하려 하는 물리력

마찰계수: 물체가 표면을 가로지르며 이동할 때 생기는 마찰의 측정치

모멘트의 팔: 회전축으로부터의 거리. 팔이 길수록 반대편 끝에서 나오는 물리력이 커진다.

무게중심: 물체(혹은 여러 물체)에서 질량이 집중된 점. 쓰러지는 형태도 있는 반면 균형을 유지하는 형태도 있다는 사실에 초점을 맞추어 중력중심이라고 부르기도 한다.

물리력: 운동의 원인이 되는 에너지 혹은 힘

반발계수: 물체끼리 충돌할 때 유지되는 운동에너지의 측정치

반지름: 원 혹은 회전하는 물체의 중심부터 곡선 혹은 물체 표면까지의 거리

받음각: 앞에서 불어오는 바람과 그 바람을 뚫고 나아가는 평평한 물체 사이 각도

베르누이의 공식: 움직이는 유체(액체나 기체)의 압력은 속력이 증가할 때 감소한다.

보일의 법칙: 기체의 부피는 기체에 작용하는 압력과 반비례한다.

비례: 한 쪽의 양이나 수가 증가하면 다른 쪽의 양이나 수도 함께 증가한다. 움직이려는 물체의 질량이 클수록 물리력도 더 많이 필요하게 되며, 여기서 질량과 물리력은 비례한다.

비율: 측정 단위가 동일한 양이나 수의 비

비탄성충돌: 총 운동에너지가 열, 소리 등 다른 형태의 에너지로 바뀌는 충돌

상승기류: 비행기가 공중에 떠있을 수 있도록 돕는 위로 올라가는 기류

선운동량: 직선으로 이동하는 물체의 운동량

속도: 이동한 방향과 함께 나타내는 물체의 빠르기

순간력: 물체에 작용하는 물리력의 양에 충돌 시간을 곱한 수치와 동일한 운동량의 변화. 시간이 증가하면 물리력이 감소한다.

실증적 연구: 증거를 모으고 이러한 증거를 기반으로 하여 결론을 도출함으로써 과학적 개념이나 문제를 연구하는 방식

마찰력: 물체와 물체의 접촉면 사이에 작용하는 물리력

양력: 물체를 위쪽으로 들어 올리는 물리력

에너지 보존의 법칙: "분리된 체계"내에서 에너지의 형태가 바뀌더라도 그 총량은 동일하게 유지된다는 법칙. 다이빙 대에 올라가는 사람의 위치에너지는 수면을 향해 다이빙할 때 운동에너지로 바뀐다.

에너지 전이: 에너지가 특정 형태에서 다른 형태로 옮겨가는 현상

에어포일: 공기의 운동 방향을 조절하기 위해 비행기 날개나 차량의 뼈대에 장착되는 일부분이 곡선으로 이루어진 구조물. 에어포일의 곡면을 스치고 지나가는 공기는 압력이 줄어들기 때문에 반대쪽 면을 지나는 공기가 더 강하게 밀려 올라오거나 밀려 내려갈 수 있다.

운동량 보존: 충돌 전 두 물체가 가지고 있던 운동량의 총량은 충돌 후에도 동일하다는 법칙

운동량: 움직이는 질량의 측정치. 물체의 운동량은 질량에 속도를 곱한 값과 같다.

운동에너지: 스스로의 운동에 의해 생겨난 물체의 물리력

위치에너지: 물체의 위치에 따라 잠재적으로 저장되어 있는 에너지. 롤러코스터는 천천히 경사면을 올라가면서 위치에너지를 품고 있다가 내려갈 때 이를 운동에너지로 전환한다.

유체: 액체나 기체와 같이 질량이 분리되지 않으면서 자유롭게 이동할 수 있는 입자로 이루어진 물질

유체역학: 유체의 행태 및 유체에 작용하는 물리력의 연구

입사각: 운동하는 물체와 표면이 만나는 각도와 직각의 차이

자이로스코프: 제자리에서 회전을 계속하기 위해 각운동량을 활용하는 장치

중력: 물체가 다른 물체를 끌어당기는 물리력

지렛대: 고정된 점(받침점)에 막대를 얹은 단순기계로, 세 번째 점에 압력을 가함으로써 두 번째 점에 위치한 물체에 물리력을 전달한다. 시소의 한 끝을 누르면 반대쪽 끝으로 올라가는 물리력이 전달된다.

질량: 물체를 구성하는 물질의 측정치. 일반적으로 무게로 측정한다. 그러나 무게는

중력에 따라 변한다. 예를 들어 볼링공을 지구보다 중력이 약한 달에 가져가면 질량은 같지만 무게는 훨씬 덜 나간다.

충돌: 두 물체가 접촉하여 에너지가 전이되거나 교환되는 현상

충류: 액체나 기체의 직선 운동

탄성충돌: 총 운동에너지가 다른 형태로 바뀌지 않고 그대로 보존되는 충돌

토크: 회전을 생성하는 물리력

포도당: 인간을 비롯한 생물체의 에너지 공급원인 단순 당

표면장력: 액체 표면이 스스로 수축하여 가능한 한 작은 면적을 취하려 하는 물리력

표면적: 겉으로 드러난 물체 면의 넓이

항력: 물체의 움직임과 반대되는 물리력으로 물체의 속력이 높아지면 함께 높아진다.

항적: 비행체가 유체를 가로지르며 지나간 자취

회내운동: 손이나 전완이 안쪽으로 돌면서 손바닥이 아래쪽 혹은 뒤쪽을 향하게 되는 운동

회전축: 회전하는 물체를 가로지르며 회전의 중심을 형성하는 가상의 직선. 지구의 회전축은 북극부터 남극까지 이어진다.

PSI: 평방인치당 파운드(pounds per square inch)의 약어로, 미식축구공과 같이 공기를 주입한 물체 내부의 기압을 뜻하는 단위다.

Photo credits

Alamy Stock Photo: epa european press photo agency b.5., p. 159; Nicholas Eveleigh, p. 78; Image Source, p. 168; Juice Images, p. 201; Yuri Kevhiev, p. 183 (broken egg); LAMB, pp. 180–181; Matt Perrin, p. 212; photostock1, pp. 152–153; Pure Stock, pp. 150–151; SuperStock, p. 169. Fotolia: 31moonlight31, p. 210 (ice cubes); 3drenderings, p. 24; abhbah05, p. 42; Alekss, pp. 52, 226; alexzaitsev, pp. 236–237; alswart, pp. 97, 162–163, 165; anatchant, pp. 80, 219, 220, 226 (golf ball); jovica antoski, p. 64; Tony Baggett, p. 79; BillionPhotos.com, pp. 18, 26; Ionescu Bogdan, pp. 143, 144–145; Boggy, p. 218 (golf tees); Stepan Bormotov, pp. 108, 109; Chris Brignell, pp. 30, 32 (softball); Cla78, pp. 44, 45; davidsonlentz, p. 216; De Visu, p. 234; Dimitrius, p. 187; donatas1205, p. 142; Sergey Drozdov, p. 172 (cheetah); Emmoth, p. 80; fotopak, pp. 30, 32 (bat); Friday, p. 238; gekaskr, p. 55; giadophoto, pp. 80, 231, 233 (marbles); Lukas Gojda, p. 140 (skier); Gorilla, pp. 124–125 (mountain); Haslam Photography, p. 57; indigolotos, p. 91 (cue stick); IntelWond, pp. 53, 118, 119, 181, 183 (egg); jonnysek, pp. 112, 113, 114, 118 (snowflake); lazyllama, p. 82 (gymnast rings); Pavel Losevsky, p. 174 (hang glider left); madgooch, p. 90; mareandmare, pp. 24–25; Marek, p. 128; Sky Masterson, p. 92 (cue stick); mtsaride, pp. 40, 47, 48, 49; Dmitry Naumov, p. 122; nortongo, p. 210 (chopsticks); Tatyana Nyshko, p. 146 (bike left); phanlop88, p. 62; photology1971, p. 174 (hang glider right); photomelon, pp. 17, 21, 27, 31, 35, 42, 45, 49, 53, 57, 63, 67, 71, 75, 79, 83, 87, 91, 97, 101, 105, 109, 113, 117, 121, 125, 129, 133, 137, 143, 147, 141, 155, 159, 163, 167, 171, 175, 179, 185, 189, 193, 199, 205, 209, 213, 217, 221, 225, 231, 235, 239, 243, 247 (clipboard); picsfive, pp. 190–191; pzphotos, p. 47 (deflated football); Robbic, pp. 53, 80, 206, 208 (tennis balls); ronniechua, p. 66; rufar, p. 242 (stones); sarapon, p. 224 (putter right); silverspiralarts, pp. 16, 17, 20, 21, 25 (baseball); steheap, pp. 238–239; suradech14, p. 170; sveta, p. 192–193; Winai Tepsuttinun, pp. 90, 92 (cue ball); Tritooth, p. 56, 58; Dmitry Veryovkin, p. 104; VIPDesign, p. 82 (parallel bars); VITAMIN, p. 134; vladstar, p. 146; volkovslava, p. 172 (sneakers); WayneG, p. 16; westmarmaros, p. 131; wolfelarry, p. 204; ygor28, p. 28. Getty Images: Don Arnold/WireImage, p. 140; artcyclone/DigitalVision Vectors, p. 224 (golf putter middle); Atomic Imagery/Digital Vision, p. 102; Thomas Barwick/ Taxi, pp. 240–241; Bettmann, p. 116; Aurelie and Morgan David de Lossy/ Cultura, p. 246; George Diebold/The Image Bank, p. 34, 36; Jon Feingersh/ Blend Images, p. 170; Tim Graham, p. 183; Samir Hussein/WireImage, p. 196; Image Source, p. 158; JazzIRT/E+, p. 196, 200; Petit Philippe/ Paris Match Archive, p. 230; Photodisc, p. 166; Peter Sebastian/The Image Bank, p. 198 (Frisbee right); Mayte Torres/Moment p. 178; walik/E+, pp. 97, 100, 132; wwing/E+, p. 224 (golf putter left); Charlie Yacoub/Stone, p. 188. Shutterstock: ayakovlevcom, p. 86; F8 studio, p. 74; Anna Jurkovska, p. 70; kontur-vid, p. 120 (skis); Kostsov, pp. 112, 124; Michael Rosskothen, p. 84; Stefan Schurr, 154; Boris Sosnovyy, p. 96.